AF307986

Dictionary
for the glass industry

By

Ellinor Hoffmann
A. G. der Gerresheimer Glashüttenwerke

Two parts

German - English
English - German

Springer-Verlag
Berlin / Göttingen / Heidelberg
1963

Fachwörterbuch für die Glasindustrie

Von

Ellinor Hoffmann
A. G. der Gerresheimer Glashüttenwerke

Zwei Teile

Deutsch-Englisch
Englisch-Deutsch

Springer-Verlag
Berlin / Göttingen / Heidelberg
1963

ISBN-13: 978-3-642-49027-9   e-ISBN-13: 978-3-642-92860-4
DOI: 10.1007/978-3-642-92860-4

Deutsch-Englisch

German-English

Vorwort

Das vorliegende Buch ist der Versuch einer Zusammenstellung der gebräuchlichsten Fachausdrücke aus der deutschen und anglo-amerikanischen Glasindustrie.

Da diesen Industriezweig einerseits die Traditionsgebundenheit eines jahrtausendealten Handwerks, andererseits eine rasche Entwicklung und zunehmende Mechanisierung kennzeichnet, habe ich versucht, sowohl die moderne Glastechnik, als auch die Fachsprache des Glasmachers zu Wort kommen zu lassen.

Dabei ist mir von seiten der Geschäftsleitung der A.G. der Gerresheimer Glashüttenwerke, Düsseldorf-Gerresheim, und von zahlreichen Mitarbeitern und Fachleuten im In- und Ausland jede mögliche Unterstützung zuteil geworden, für die ich an dieser Stelle aufrichtig danke.

Die Lebendigkeit einer Sprache schließt den Anspruch eines Wörterbuches auf Vollständigkeit von vornherein aus; wieviel mehr noch, wenn es, wie in diesem Falle, eine erste Fachwörtersammlung auf dem Glasgebiet darstellt. Jeder Beitrag zu einer Verbesserung oder Ergänzung des kleinen Werkes wird daher mit Dank entgegengenommen.

Düsseldorf, im Dezember 1962

Ellinor Hoffmann

Verwendete Abkürzungen

DEK	=	Dekoration
EL	=	Elektrizität
F	=	Fehler
FF	=	feuerfestes Material
GF	=	Glasfaser
GVK	=	glasverstärkte Kunst- stoffe
HIST	=	historisch
IS	=	IS-Maschine
MB	=	mundgeblasenes Glas
MIN	=	Mineral
O	=	Ofen
OPT	=	optisches Glas
SP	=	Speiser
f.	=	feminin
m.	=	maskulin
n.	=	neutrum
pl.	=	Plural
s.	=	siehe

A

Abbé'sche Zahl *f.* Abbe value, nu-value, reciprocal or relative dispersion, constringence

abblendendes Glas *n.* glare-reducing glass

Abdeckstein *m.* FF cover block

Abfall *m.* waste, scrap, rejects, **–sand** *m.* waste sand

Abfehmeisen (= Abfeimeisen) *n.* skimming rod

abfeimen to skim

abflammen to flame, clean with flames, flame-clean

abfüllen to fill

Abfüller *m.* filler

Abfüllmaschine *f.* filling machine, filler

Abgas *n.* waste gas, flue gas, exit or exhaust gas, **–analyse** *f.* waste gas analysis, **–schieber** *m.* waste gas damper

abgraten to burr, trim, arriss

Abhitzekessel *m.* waste heat boiler

abkanten to chamfer, bevel

abkühlen to cool (down)

Ablagerung *f.* (Schlacken u. dgl.) deposit, accumulation, build-up

ablassen (eine Wanne) to tap a furnace, drain a furnace

Ablaßloch *n.* tap hole, drain hole

ablaufen (F beim Daueretikett) to sag, slump, run

Abmessung *f.* dimension

Abnahme-grenze *f.* (Fabrikationskontrolle) acceptance level, **–prüfung** *f.* acceptance test

Abnutzung *f.* (= Verschleiß *m.*) wear

Abreißverschluß *m.* tear-off cap

Abrieb *m.* abrasion, rub-off, **–festigkeit** *f.* abrasion resistance

Abrutschen *n.* (der Buchstaben beim Daueretikett) F slide, run

Absaugepyrometer *n.* s. Absaugethermoelement, **–thermoelement** *n.* suction pyrometer

Abschäumer *m.* (= Abfeimer) skimmer (block), skimming block

Abschluß-Stein *m.* FF key brick

Abschnitt *m.* cut-off (Saugmaschine), shear cut (Speisermaschine), scar

Abschnittsrisse *m.* pl. F cut-off checks

abschrecken to quench, chill, temper, heat-strengthen

Abschreck-festigkeit *f.* (= Wärmestoßfestigkeit) thermal shock resistance, thermal endurance, **–prüfung** *f.* thermal shock test, **–wirkung** *f.* chilling effect

Absetzplatte *f.* IS dead plate

absorbierendes Brillenglas *n.* absorbing spectacle glass

Absorption *f.* absorption

Absorptions-koeffizient *m.* absorption coefficient, **–spektrum** *n.* absorption spectrum, **–vermögen** *n.* absorbance, absorbency

Absperr-schieber *m.* shut-off gate, **–stein** *m.* gate, skimmer block, stopper, **–ventil** *n.* check-valve, shut-off valve

absprengen to burn off, burst off, crack off, whett (off)

Absprengkappe *f.* moil, cullet, cap, blow-over

abspringen to chip, spall, peel, flake off

Abstandhalter *m.* (am Gebläse GF) keystone

abstehen to settle, cool down, stand off

Absteh-wanne *f.* settling end, soaking pit, **–zeit** *f.* taking-down period, standing-off time

abstellen (= kaltschüren) to hold (over), block, fire over, keep an idle furnace hot

Abstich *m.* tap, **–loch** (= Ablaßloch *n.*) drain hole

Abstrahlung *f.* radiating or radiation power, emissive power

Abstreifbad *n.* stripping bath

Abstreifer *m.* IS ware pusher, **–kurve** *f.* IS pusher cam

abtempern to cool (down)

abtropfendes Silikamaterial *n.* vom Gewölbe silica drops, silica wash, drip or rundown

Abwärme *f.* waste heat, **–verwertung** *f.* recovery of waste heat

Abwärtsziehen *n.* GF down-draw (ing)

abwickeln GF to unwind

Abwickelvorrichtung *f.* GF unwinder

Abziehbild *n.* DEK decal(comania), transfer, **–verfahren** *n.* decalcomania transfer, decoration by transfer, transfer decoration

abziehen GF to draw, attenuate

Abzug *m.* 1. (= Abziehbild *n.*) decal (comania), 2. outlet, draft, **–düse** *f.* GF drain bushing, **–kanal** *m.* flue, **–seite** *f.* exhaust side, effluent side

Achatpolierstein *m.* agate burnisher

Achromasie *f.* (= Achromatismus *m.*) achromatism

Achse *f.* axle, axis, center line

Adsorption *f.* adsorption

Adsorptionsvermögen *n.* adsorbency

Aerograph *m.* spray gun, aerograph, air brush

Aerosolflasche *f.* aerosol bottle, pressurized bottle

Akkumulatoren-Trennplatte *f.* GF battery separator, retainer mat

aktinisches Licht *n.* actinic light

Alabasterglas *n.* alabaster glass

Albit *m.* MIN albite

Alkali *n.* alkali

alkalibeständig alkali-resisting

Alkali-Boratschmelzen *f.* pl. molten alkali borates

alkali-freies Glas *n.* alkali-free glass, E-glass, **–haltiges Glas** *n.* alkali (containing) glass

Alkali-Kalk-Kieselsäureglas (= Kalknatronglas) *n.* soda lime silica glass, **–metall** *n.* alkali metal

alkalisch alkaline

Alkohol *m.* alcohol

alkoholfreie Getränke *n.* pl. non-alcoholic drinks, soft drinks

Alterung *f.* aging

Alterungbeständigkeit *f.* resistance to aging

Aluminiumkapsel *f.* alumin(i)um cap

Alu(minium)deckel *m.* (für Milchflaschen) alumin(i)um foil cap for milk bottles

Aluminosilikat *n.* FF aluminosilicate

Alum(in)osilikatglas *n.* aluminosilicate glass

Ammoniak *m.* ammonia

Ammoniumbichromat *n.* ammonium bichromate or dichromate

amphoteres Oxyd *n.* amphoteric oxide

Ampulle *f.* ampoule (=ampul), **—mit Farbringmarkierung** colo(u)r break ampoule

Analyse *f.* analysis

Andalusit *m.* MIN andalusite

Anelastizität *f.* anelasticity

Anfänger *m.* (post) gatherer, post holder

Anfang-eisen *n.* bait (in drawing operation), punty, pontil, puntil, pontee, gathering iron, **—ring** *m.* gathering ring, ringhole

Angriff *m.* (des Glases auf feuerfeste Materialien) attack on refractory material, erosion, corrosion

Angster *m.* mediaeval bottle with several twisted necks used as drinking vessel

anheizen (= antempern) to bring up, fire up, heat up

Anhydrit *m.* (= Gipsanhydrit) anhydrite

Anker *m.* tie-rod (Zuganker), anchor, armature (EL), **—säule** *f.* buckstay, pier

anlassen to start up

Anlasser *m.* starter, starter switch

anlaufen to strike, discolo(u)r, tarnish

Anlauffarben *f. pl.* colo(u)rs produced by striking, tempering colo(u)rs

Anorthit *m.* MIN anorthite, lime harmotome

Anschlag *m.* stop, buffer

Anschluß-gleis *n.* railway or railroad siding, **—klemme** *f.* terminal, connector, **—stein** *m.* (zw. Speiserkanal und Ofen) FF forehearth connection block, feeder entrance block

anstecken (eine Wanne) to light the tank

Anstrich *m.* paint(ing), coat(ing), paint coating, coat of paint

antempern to bring up, fire up, heat up

Antempern *n.* **eines Hafens** arching, heat(ing)-up of a pot

Antikglas *n.* antique glass

Antimon(oxyd) *n.* antimony

Antimonflint(glas) *n.* antimony flint glass

Anwärmeloch *n.* warming-in hole, glory hole

Apfelsinenhaut *f.* F orange peel, drag, hog(ging)

Apparateglas *n.* chemical glass (ware), glass used for chemical glassware

appretieren GF to finish

Appretur *f.* GF finish

Aquamaringlas *n.* aquamarine glass

Aquariumglas *n.* aquarium glass

Arbeits-ablauf *m.* (einer Maschine) cycle of a machine, machine cycle, **—bühne** *f.* working platform, **—eisen** *n.* punty, pontil, puntil, pontee, gathering iron, **—ende** *n.* (des Schmelzofens) working end, gathering end, nose of a furnace, **—temperatur** *f.* working temperature, **—loch** *n.* (= Entnahmeloch) gathering ring or hole, ringhole, **—wanne** *f.* working end, gathering end, nose, **—wannenseite** *f.* working end side

armiertes Glas *n.* (= Drahtglas) wire(d) glass

Armierung *f.* (= Verankerung) O anchoring, bracing, steelwork

aromatische Stoffe *m. pl.* aromatic hydrocarbons, aromatics

Arsen *n.* arsenic, **—oxyd** *n.* arsenious oxide

arteigene Festigkeit *f.* intrinsic strength, inherent strength

Asbest *m.* asbestos

Asphalt-anstrich *m.* bituminous paint, **—lack** *m.* asphaltic varnish

Atomstrahlenschutzglas *n.* (atomic) radiation resistant or absorbing glass, shield(ing) glass

Ätzbad *n.* etching bath

ätzen to etch

Ätz-kalk *m.* quick lime, caustic lime, calcium oxide, **—natron** *n.* caustic soda, sodium hydroxide, **—politur** *f.* acid polishing

Ätzung *f.* etching

Audionröhre *f.* detector tube

aufdampfen to deposit by evaporation, vapo(u)r-deposit, vaporize

Auffang-band *n.* GF collecting conveyor, forming conveyor, **—rinne** *f.* IS scoop, pickup

aufgeblasene Mündung *f.* F bulged finish

aufgedampfte Schicht *f.* vapo(u)r-deposited coating

Aufgipser *m.* layer

Aufgußtisch *m.* casting table

Auflage *f.* für Pappscheibe (Milchflasche) capseat

Auflegen *n.* (des Rohglases auf den Schleiftisch) laying-up, setting

Aufleger *m.* layer

Auflegewerkstatt *f.* (Spiegelglas) laying yard

auflösen to dissolve, decompose

Auflösung *f.* dissolution, decomposition

Aufreiher *m.* (= Vereinzeler) unscrambler

Aufrichteband *n.* uprighter

Aufschäumen *n.* 1. (nach scheinbarer Läuterung) reboil, 2. (von Kunststoffen) foaming, sponging, expanding

Aufschlämmung *f.* suspension

aufschließen (chemisch) to fuse

Aufschluß *m.* fusion

aufspalten GVK to delaminate

aufspulen GF to wind up

Aufspuler *m.* winder, winding machine or frame

Auftreibeisen *n.* opening-out tool, pucellas, woodjack

auftreiben MB to open (out)

Auftreibeofen *m.* reheating oven

Auftreibetrommel *f.* s. Auftreibeofen

Auftrieb *m.* buoyancy

Aufwärmeloch *n.* (= Anwärmeloch) warming-in hole, glory hole

aufwärmen to warm in

Aufwärmeofen *m.* s. Auftreibeofen

Aufwärtsförderer *m.* elevating conveyor, elevator

Aufwickelmaschine *f.* GF roll-up machine

Augen-empfindlichkeitskurve *f.* visual acuity curve, **—gläser** *n.* pl. spectacles, goggles, **—haftgläser** *n.* pl. contact lenses, **—schutzgläser** *n.* pl. protective lenses, goggles

Ausbeute *f.* net yield, job efficiency

Ausblaserohr *n.* IS internal cooling blow pipe

Ausdehnung *f.* expansion, distension, extension

Ausdehnungs-koeffizient *m.* coefficient of expansion, expansion coefficient, **—meßgerät** *n.* (= Dilatometer) dilatometer, **—vermögen** *n.* expansivity

Ausfallzeit *f.* (einer Maschine) downtime

ausflammen to sting out

Ausflammverluste *m.* pl. stingout losses

ausgebrauchte Gasreinigungsmasse *f.* spent oxide

ausgeglichener Zwirn *m.* GF balanced yarn

(ausgeprägte) Nähte *f.* pl. F seams, flanges

(ausgeprägte) Vorformbodennaht *f.* F baffle mark

Ausgleichbunker *m.* surge bin

aushärten to cure

Auskleidung *f.* (= Futter *n.*) lining

Auslauf *m.* SP orifice

auslaugen (Glas) to leach

Auslaugen *n.* leaching, skeletonization

Auslaufstein *m.* FF spout

Auslöschstellung *f.* extinction position

Ausnahme *f.* O output, pull

Ausrüstung *f.* 1. (= Appretur) finish, 2. (maschinelle-) equipment

Ausschuß *m.* rejects, offware, waste, scrap, filings, **–anzeiger** *m.* reject indicator

Außengewindemündung *f.* external screw thread finish

äußere Flaschenhaut *f.* outer (or external) bottle surface, enamel, surface skin of bottle

Ausstoß *m.* output

Austrittsöffnung *f.* O outlet, exit port

Auswitterung *f.* weathering, efflorescence

Ausziehen *n.* GF attenuation, drawing (of fibres = fibers)

Autoklav *m.* autoclave

Autoverglasung *f.* auto glazing, auto glass

Aventurin *m.* aventurine

Azidität *f.* acidity

B

Babinet-Kompensator *m.* babinet compensator

Badtiefe *f.* tank depth, glass depth

Bagger *m.* excavator, dredger

Bajonettverschluß *m.* bayonet (lock) cap, lug cap

Bake *f.* beacon

Bakelit *n.* bakelite

Balkonbrüstung *f.* parapet

Ballon *m.* carboy, demijohn

Ballotini *n.* pl. (= Glasperlen f. pl.) ballottini

Balusterglas *n.* baluster glass

Band *n.* tape, ribbon, (conveyor) belt, **–eindrücke** (=-abdrücke) *m.* pl. F chain marks, belt marks, **–eisen** *n.* hoop iron, strip iron, strap iron, steel strapping, **–mündung** *f.* cork finish, **–schleifmaschine** *f.* continuous grinder, **–schliff** *m.* banding, **–verfahren** *n.* (= kontinuierliches Fließverfahren bei Flachglas) continuous casting or rolling process, Pilkington process, **–wechsel** *m.* (v. Haupt- zum Hilfsförderband) conveyor change, conveyor transfer

Barium-disilikat *n.* MIN barium disilicate, **–oxyd** *n.* barium oxide, **–sulfat** *n.* barium sulphate (or sulfate)

Barometer *n.* barometer

Baryt-flint(glas) *n.* barium flint (glass), **–kron(glas)** *n.* light barium crown (glass), **–leichtflint (glas)** *n.* light barium flint (glass), **-leichtkron (glas)** *n.* ordinary crown (glass), **–schwerflint (glas)** *n.* dense barium flint (glass)

Basaltwolle *f.* basalt wool

basisches (feuerfestes) Material *n.* basic refractories

Basizität *f.* basicity

Batterietrennplatte *f.* GF battery separator, retainer mat

Bauglas *n.* construction glass, structural glass, building glass, architectural glass, **–platten mit keramischem Farbüberzug** *f.* pl. architectural enameled glass panels

Bauxit *m.* MIN bauxite

Beanspruchung *f.* stress, strain, service, load(ing)

Beanspruchungsdauer *f.* (service) life

Bearbeitung *f.* working, machining

Becherglas *n.* CHEM beaker

bedrucken to print, decorate

Bedruckungsmaschine *f.* (für Daueretiketts) decorating machine

Beflockungkammer *f.* GVK plenum (chamber)

begehbare Oberlichter *n.* pl. traffic-supporting pavement lights or skylights

Behälter *m.* container, vessel, receptacle, **–glas** *n.* container glass, hollow glass(ware)

Beheizung *f.* firing, heating

beidseitiges kontinuierliches Schleifen *n.* (v. Spiegelglas) twin grinding

Beinglas *n.* (= Milchglas) milk glass, opal glass, pot opal, opacified glass

Beize *f.* stain

beizen DEK to stain

Beizmasse *f.* staining compound

Belastung *f.* eines Schmelzofens load, pull

Beleuchtungs-glas *n.* lighting glass ware, illuminating glass ware, **–körper** *m.* lighting fixture, lamp

Belüftung *f.* ventilation

Benetzbarkeit *f.* wettability

Beobachtungsöffnung *f.* (= Guckloch, Schauloch *n.*) peephole, inspection hole, observation port, sight hole

Bergkristall *m.* rock crystal

berieseln to spray

Berieselung *f.* spray

Berstdruck *m.* burst(ing) pressure, breaking pressure, **–prüfung** *f.* bursting or breaking strength test, **–festigkeit** *f.* resistance to bursting pressure (or breaking p.)

Berylliumglas *n.* beryllium glass

Besäumvorrichtung *f* GF trimmer, trim cutter

Beschickung *f.* (eines Ofens) batch feeding, filling-in

Beschlag *m.* bloom, efflorescence, fogging, tarnish

beschlagen to become fogged, steam up, tarnish

Beschleuniger *m.* GVK accelerator, activator

besprühen to spray

Beständigkeit *f.* resistance, stability, durability

Bestrahlung *f.* irradiation

Beton-fundament *n.* concrete bed, concrete foundation, **–glas** *n.* solid (round or square) glass tile

Betrieb *m.* service, operation, works, plant, factory

Betriebs-druck *m.* working pressure, operating pressure, **–leitung** *f.* works management, plant management, **–überwachung** *f.* control of manufacturing operations, process control

Beugungsbild *n.* diffraction pattern

Bewehrung *f.* (von Kunststoffen) reinforcement of plastics

Biegefestigkeit *f.* flexural strength, flexure modulus, bending strength, modulus of rupture
biegen (Glas) to bend
Biege-ofen *m.* bending furnace, **–probe** *f.* bending test
biegsam flexible, pliable, ductile
biegsame Welle *f.* DEK flexible shaft (grinder)
Bienenwachs *n.* DEK beeswax
Bier-flasche *f.* beer bottle, **–seidel** *n.* beer mug
bildsamer Ton *m.* plastic clay
Bildungswärme *f.* heat of formation
Bimsstein *m.* pumice
binäre Gläser *n.* pl. binary glasses
binäres System *n.* (= Zweistoffsystem) binary system
Binde-eisen *n.* trying iron
Bindemittel *n.* GF binding agent, binder, size, **–behälter** *m.* size box, **–polster** *n.* pad applicator, lubricating pad, lubricant pad, **–sprühdüse** *f.* binder gun
Bindevermögen *n.* binding capacity, bonding capacity
Bindung *f.* bond
Bindungs-winkel *m.* bond angle, **–festigkeit** *f.* bond(ing) strength, **–refraktionen** *f.* pl. bond refractions
Binokular *n.* binocular microscope
Bitumenpapier *n.* GF bituminized paper, bituminous paper
Blähungsvermögen *n.* bubbling potential
Blankätzen *n.* (oder -ätzung f.) clear etching, bright etching
blankes Glas *n.* (re)fined glass, plain glass
Blankglas *n.* transparent horticultural glass

blank-polieren to polish, buff, **–schmelzen** to melt and refine, to found
Bläschenzählung *f.* seed or bubble count(ing)
Blas-Blaseverfahren *n.* blow-and-blow process
Blase *f.* F bubble, blister, cat-eye, blibe, boil (je nach Form und Größe)
Blasen-bildung *f.* (beim Schmelzen) formation of bubbles or blisters, (beim Daueretikett) blistering, **–läuterungsvermögen** *n.* s. Blähungsvermögen
Blas(en)rohr *n.* bubbler (tube)
Blas-form *f.* (= Fertigform) blow mo(u)ld, **–kopf** *m.* blowhead, **–lampe** *f.* glassblower's lamp, **–wolle** *f.* GF blowing wool
Blatt *n.* (bei Fensterglas) sheet, **–nahme** *f.* start of drawing operation, **–schliff** *m.* DEK leaf cut
Bläue *f.* (= Beschlag *m.*) bloom, efflorescence, fogging, tarnish
Blauglas *n.* blue glass
Blech *n.* plate, sheet (metal), **–dose** *f.* metal can, tin
bleibende Spannung *f.* permanent strain
Bleiboratglas *n.* lead borate glass
Blei-glas *n.* lead (alkali-silicate) glass, **–kristall** *m.* (= Bleiglas) crystal glass, lead crystal, **–oxyd** *n.* lead oxide, red lead, **–rute** *f.* lead frame, lead beading, came, **–sprosse** *f.* s. Bleirute, **–verglasung** *f.* lead framing, **–weiß** *n.* white lead
Blende *f.* screen, (Venetian) blind, shutter
Blend-schutzglas *n.* anti-dazzle glass, glare-reducing glass, **–wirkung** *f.* glare, dazzle

blindes Glas (= abgestandenes Glas) *n.* tarnished glass

Blumenvase *f.* flower vase

Blutstein(polierwerkzeug) *m.* (*n.*) bloodstone burnisher

Boden *m.* (einer Flasche) bottom, punt, base, **-eis** *n.* F heavy bottom, heavy base, **-form** *f.* bottom plate, baffle (= Vorformboden bei IS-Maschinen), **-glas** *n.* bottom glass, stump, dog metal

bodengleicher Durchlaß *m.* o straight throat

Boden-markierung *f.* punt codes, base codes, **-platte** *f.* IS bottom plate, **-risse** *m.* pl. F. checked bottom, bottom checks, lehr cracks, **-satz** *m.* sediment, **-schere** *f.* footmaking tool, **-spiel** *n.* des Külbels (= Abstand zwischen Külbelunterkante und Fertigformboden) parison run, **-stein** *m.* o bottom block, **-zapfen** *m.* F spike

böhmisches Glas *n.* Bohemian glass(ware)

bördeln to flange, bead, rim

Bördelprobe *f.* flange test

Bogen *m.* (= Gewölbe *n.*) arch

bohren to drill, bore, pierce, punch

Bohrung *f.* bore, hole

Bologneser Fläschchen *n.* (= Glasträne *f.*) Prince Rupert's drop

bombiertes Glas *n.* bent glass, curved glass

Bor *n.* boron

Boratglas *n.* borate glass

Borax *m.* borax, **-glas** *n.* borax glass

Bordstein *m.* o fluxline block

Borglas *n.* borate glass

Borkron *n.* s. Borosilikatkronglas

Borosilikat-flint(glas) *n.* borosilicate flint (glass), **-glas** *n.* borosilicate glass, **-kron(glas)** *n.* borosilicate crown (glass)

Borsäure *f.* boric acid

Borstenrad *n.* DEK bristle brush

Borte *f.* (bei gezogenem Fensterglas) bulb edge

Bortenhalter *m.* stabilizer

Brand *m.* 1. firing, baking, 2. F black spots, dirty spots or marks, **-fleck** *m.* s. Brand 2.

brauner Glaskopf *m.* (= Brauneisenstein) limonite

Braun-glas *n.* amber glass, brown glass, **-kohle** *f.* brown coal, soft coal, lignite, **-stein** *m.* manganese dioxide, pyrolusite

Brecher *m.* crusher

Brechungsindex *m.* refractive index, index of refraction

brennbar combustible

brennen to burn, **ein-** to fire, bake

Brenner *m.* 1. burner (= Maschinenbrenner), 2. port (= gemauerter Brenner), **- auf der Abzugseite** outlet port (or burner), **- auf der Einzugseite** inlet port (or burner), **-bank** *f.* port sill, port apron, **-bett** *n.* port bottom, port paving, **-boden** *m.* port bottom, port paving, **-bogen** *m.* port arch, port lintel, **-düse** *f.* burner tip, burner nozzle, **-einfassung** *f.* framing of port mouth, port drum, **-gewölbe** *n.* port arch, port cap, port crown, **-hals** *m.* port neck, **-länge** *f.* length of port, **-maul** *n.* (= -mündung *f.*) port opening, port mouth, **-neigung** *f.* port slope, **-öffnung** *f.* (beim Hafenofen) eye, **-pfosten** *m.* port jamb, port cheek

Brenner–schacht *m.* uptake or downtake, upcast, **–schwelle** *f.* baffle wall, **–sohle** *f.* port bottom or paving, **–zunge** *f.* tongue (tile), midfeather

Brenn-glas *n.* burning glass, **–ofen** *m.* kiln, decorating lehr (für Daueretikette), **–punkt** *m.* focus, focal point, burning point

Brennstoff *m.* fuel, **–rückstand** *m.* residue of fuel, **–verbrauch** *m.* consumption of fuel, fuel consumption, **–versorgung** *f.* fuel supply, **–zuführung** *f.* fuel supply, fuel input

Brennweite *f.* focal length, focal distance

Briefbeschwerer *m.* paper weight

Brikettierung *f.* (von Gemenge) briquetting of batch

Brillen-glas *n.* ophthalmic glass, spectacle glass, **–rohglas** *n.* ophthalmic blanks

Brillanz *f.* brightness, brilliance, brilliancy, luminance

Brinell-Härte *f.* Brinell hardness

Brom *n.* bromine

Bruch *m.* 1. breakage, fracture, rupture, 2. cullet, broken ware, rejects, **–analyse** *f.* analysis of fracture, **–beanspruchung** *f.* breaking stress, **–belastung** *f.* breaking load, **–bild** *n.* fracture system, fracture pattern, **–festigkeit** *f.* breaking strength, ultimate breaking strength, resistance to rupture, **–fläche** *f.* fractured surface, **–geschwindigkeit** *f.* speed of fracture, **–linien** *f.* pl. rib marks, ripple marks, **–spiegel** *m.* mirror (surface), **–ufer** *n.* fractured surface, **–zentrum** *n.* centre (= center) of fracture

brüchig friable, brittle

Brücken-waage *f.* platform scale, **–wand** *f.* o bridge (wall), cross wall

Brust *f.* (der Flasche) shoulder

Bügelholz *n.* flattening tool, hoe

bügeln (= Glas in der Form glattstreichen) to flatten, smooth(en)

Bügelverschluß *m.* swing stopper

bülwern to block, boil-up, plug

Bürette *f.* burette

Büttenofen *m.* pot furnace (fired from below)

Bunker C-Öl *n.* bunker C-oil

Bunsenbrenner *m.* Bunsen burner

Buntglas *n.* colo(u)red glass

Butzen-glas *n.* bull's eye (pattern) glass, **–scheibe** *f.* bull's eye (glass) window

C

Cadmium-boratglas *n.* cadmium borate glass, **–sulfid** *n.* cadmium sulphide (= sulfide)

Calcium (= Kalzium) *n.* calcium

Carnegieit *m.* MIN carnegieite

Cer *n.* cerium, **–oxyd** *n.* cerium oxide

Charge *f.* fill, charge (of batch)

Chauvel-Sicherheitsglas *n.* polished wire glass with parallel wire reinforcement

chemische Beständigkeit *f.* chemical stability, **– Eigenschaften** *f.* pl. chemical properties, **– Verbindung** *f.* chemical compound, **– Widerstandsfähigkeit** *f.* chemical durability, chemical endurance or resistance

chemisch rein chemically pure (= c.p.)

Chlor *n.* chlorine

Chrom *n.* chromium, chrome, **-aventuringlas** *n.* chrome aventurine (glass), **-glas** *n.* chromium (oxide colo(u)red) glass, **-magnesitstein** *m.* FF chrome-magnesite brick, **--Nickelstahl** *m.* chromium nickel steel, **-oxyd** *n.* chromium oxide, **--Silikastein** *m.* FF chrome-silica brick, **-stahl** *m.* chromium steel

Corhart-Stein *m.* FF Corhart block

Corhart-Zac-Stein *m.* FF Corhart Zac block

Craquelé-Glas *n.* crackled glass (ware)

Cristobalit *m.* MIN cristobalite

Cyanit *m.* MIN kyanite or cyanite, **-stein** *m.* FF kyanite or cyanite block

D

Dach-isolierung *f.* GF roof insulation, **-verglasung** *f.* roof glazing, roof light, skylight

Dämmung *f.* attenuation, insulation

Dämpfung *f.* **von Licht** control of light

Damarlack *m.* DEK damar varnish

Dampf *m.* steam, vapo(u)r, **-gebläse** *n.* GF steam blower, **- -schlitz** *m.* GF slot, **-kammer** *f.* steam chamber, **-sperre** *f.* GF vapo(u)r barrier

Dauer-etikett *n.* enamel label, applied ceramic (or colo(u)r) label (= ACL), fusible frit label, vitreous enamel label, **-festigkeit** *f.* fatigue strength, fatigue limit or life, creep strength, endurance limit (of stress), **-schlagfestigkeit** *f.* repeated impact strength, fatigue impact strength, **-standfestigkeit** *f.* creep limit, creep strength, **-temperatur** *f.* constant, permanent temperature, **-walzverfahren** *n.* continuous rolling process, **-wanne** *f.* continuous tank furnace

DD = **Doppeldicke** *f.* (bei Fensterglas = 3.6-4 mm, früher 8/4 Dicke) double thickness sheet glass

Debiteuse *f.* (= Ziehdüse) debiteuse

Deckel *m.* lid, cap, closure

Deck-glas *n.* cover glass, cover slide, **-lack** *m.* DEK (etching) resist, **-mittel** *n.* opacifier, **-ring** *m.* IS guide ring, plunger collar, **-stein** *m.* O (für den Durchlaß) throat cover block

Dehnbarkeit *f.* extensibility, ductility

Dehnung *f.* elongation, expansion

Dehnungsfuge *f.* O expansion joint

dekadische Extinktion *f.* absorbance, absorbency

Dekoration *f.* decoration

Dekorationsstoffe *m. pl.* GF decorative fabrics

Denier *m.* GF denier (g pro 9 000 m Fadenlänge)

Destillierapparat *m.* still, distilling apparatus

destilliertes Wasser *n.* distilled water

deutsches Tafelglas *n.* German sheet glass

Devitrit *m.* MIN devitrite

Dewargefäß *n.* Dewar vessel

Dezibel *n.* (= db) decibel

Diamant(en)riß *m.* DEK (= Diamantgravur *f.*, Diamantstippen *n.*) diamond point engraving

Diamant-schliff *m.* DEK diamond cut(ting), **-schneider** *m.* diamond cutter

diaspores Material *n.* diaspore type material

Diasporton *m.* diaspore clay

Diatomeenerde *f.* diatomaceous earth, kieselguhr, diatomite

Diatretglas *n.* (= vas diatretum) HIST cage cup, cage glass, diatreta (vase)

Dichte *f.* density

Dichtung *f.* gasket, seal

Dichtungs-kante *f.* (an der Mündung) sealing surface, **–scheibe** *f.* (für Verschluß) cap liner

Dicke *f.* thickness

Dickenlehre *f.* feeler gauge

dicker Boden *m.* F heavy bottom

Dickglas *n.* (= Tafelglas, gezogen, Dicke: 4.5, 5.5, 6.5, 7—12 mm) thick sheet glass

Dickschichteinlage *f.* thick blanket feed, thick carpet feed

dielektrische Festigkeit *f.* dielectric strength

Diffusionsflamme *f.* diffusion flame

Dilatometer *n.* dilatometer

dilatometrischer Erweichungspunkt *m.* (bei ca. $10^{11.3}$ poise) deformation point, Mg point

DIN (= Deutsche Industrie-Norm *f.*) (short for) German Industrial standard specification

Dinasstein *m.* FF (= Handelsbezeichnung für Silikastein von Didier) silica brick

Diopsidglas *n.* diopside glass

direkt beheizter Schmelzofen *m.* direct-fired furnace

Direktbeheizung *f.* (= ohne Regenerativkammern) direct firing

direkte Kühlung *f.* (= durch direktes Einblasen von Kaltluft in den Ofen) direct cooling

direktes Schmelzen *n.* (von Glasfasern aus Gemenge) direct melting

Dispersion *f.* dispersion

Distanzring *m.* IS plunger spacer

Docke *f.* GF skein

Doghaus *n.* O (= Einlegevorbau *m.*) doghouse, **–bogen** *m.* doghouse arch

Dokumentenglas *n.* document glass

Dolomit *m.* MIN dolomite

dominierende Wellenlänge *f.* (= farbtongleiche W.) dominant wavelength

Doppelband-polieren *n.* twin polishing, **–poliereinrichtung** (oder -anlage) *f.* twin polishing line, twin polisher, **–schleifen** *n.* twin grinding, **–schleifanlage** *f.* twin grinder

doppelbrechend birefringent

Doppel-brechung *f.* birefringence, **–deckenwanne** *f.* O double-crown tank, **–formverfahren** *n.* double-gob process, double-cavity process or operation, **–leichtflint(glas)** *n.* extra light flint (glass), **–mattglas** *n.* glass frosted on both sides, **–scheibenglas** *n.* double glazed (or glazing) unit, **–schleifanlage** *f.* s. Doppelbandschleifanlage, **–schnurmündung** *f.* double grooved cork (stopper) finish, **–verglasung** *f.* double glazing, **–wandgefäß** *n.* double wall container, double shell vessel

Dorn *m.* (beim Röhrenziehen) mandrel

Dosimeterglas *n.* dosimeter glass

doucieren (= dossieren = feinschleifen) to grind fine

Drachenblut *n.* DEK dragon's blood

Draht-eindrücke *m.* pl. (= Band-ein- oder -abdrücke) chain marks, belt marks, **–geflechtband** *n.* chain belt, woven wire belt, link mesh belt, **–gewebe** *n.* wire netting, wire mesh, **–gewebematte** *f.* GF wired mattress, **–glas** *n.* wire(d) glass, **–ornamentglas** *n.* figured wire(d) glass, **–sicherheitsglas** *n.* wire(d) safety glass, **–spiegelglas** *n.* (= Spiegeldrahtglas) polished wire(d) glass, wire(d) plate glass

Drall *m.* GF twist

Draufsicht *f.* overhead view, plan (view)

Dreh *m.* GF s. Drall

Dreh-bank *f.* lathe, **–külbelmaschine** *f.* paste mo(u)ld machine, **–ofen** *m.* revolving furnace, rotary kiln, **–rohr** *n.* SP revolving tube, sleeve, **–rostgenerator** *m.* revolving grate producer, **–strom** *m.* three-phase (alternating) current

Drehtank *m.* revolving pot or tank, **– mit Insel** revolving pot with island, **– mit Überlauf** revolving pot with overflow, centre (= center) drain revolving pot **–rand** *m.* pot rim

Dreh-tisch *m.* turntable, rotary table, **–wanne** *f.* (= Drehtank m.) revolving pot, **–wannenrinne** *f.* channel, trough

Dreifachform *f.* triple cavity mo(u)ld

Drei-farbendruck *m.* three-colo(u)r decoration, **–schichtenglas** *n.* three-layer sandwich glass, laminated safety glass, **–stärkenglas** *n.* trifocal glass, **–stoffsystem** *n.* ternary system

dreiteilige Form *f.* three part mo(u)ld

Drift *f.* draught (= draft)

Druck *m.* 1. pressure, compression, 2. print, **–belastung** *f.* compression stress, pressure load, **–brenner** *m.* GF blowing burner, **–farbe** *f.* ceramic colo(u)r, enamel, **–festigkeit** *f.* compression strength, compressive strength, crushing strength, resistance to pressure or compression, **–gebläse** *n.* pressure fan, **–kühlung** *f.* forced cooling, **–luft** *f.* (compressed) air, **–messer** *m.* pressure ga(u)ge, **–öl** *n.* squeegee oil, medium, **–risse** *m.* pl. F pressure checks, **–schmierapparat** *m.* high pressure grease gun, pressure greaser, force load lubricator, **–spannung** *f.* compression, **–walze** *f.* GF top roller

dünne Flaschenwände *f.* pl. F light sides

dünner Boden *m.* F light bottom, thin bottom

Dünnglas *n.* (= Tafelglas in Dikken von 0.6—1.8 mm) thin sheet glass, micro glass

Dünnschichteinlage *f.* thin blanket feed, thin carpet feed

Dünnschliff *m.* thin section

dünnwandiger Flaschenhals *m.* F hollow neck

durchbiegen to sag

Durchfluß *m.* (= Durchlaß) throat, doghole, **–wanne** *f.* tank furnace

Durchhängepunkt *m.* (= Durchsackpunkt) sag point

Durchhang *m.* (einer Düse) sagging (of a bushing)

Durchlässigkeit *f.* transmission, transmittance, permeability

Durchlässigkeitsgrad *m.* (= Durchlaßgrad) transmittance

Durchlaß *m.* O throat, doghole, **– seitenstein** *m.* O throat side block, throat check (or cheek) block, sleeper

Durchmesser *m.* diameter

Durchsatz *m.* pull, rate of pull, throughput

durchscheinendes Glas *n.* translucent glass

Durchschläger *m.* drift punch

Durchschlagspannung *f.* puncture voltage, dielectric breakdown voltage

durchsichtig transparent

Durchsichtigkeit *f.* transparency

Durchtropfen *n.* (der Farbe durch die Bedruckungsschablone) drip-through

Durchwärmung *f.* (= Wiedererwärmung des Glases nach Vorformung) reheat(ing)

Duroplaste *n.* pl. thermosetting plastic materials

Düse *f.* 1. nozzle (= Kühldüse) 2. tip (= Brenner-) 3. GF bushing (= Spinndüse)

Düsen-Blasverfahren *n.* GF steam-blown process, **–körper** *m.* well, **–öffnung** *f.* outlet, opening, **–nippel** *m.* bushing tip, **–platte** *f.* burner block, bushing block, **–sieb** *n.* screen, basket, **–stein** *m.* burner block, **–ziehverfahren** *n.* GF continuous filament process

E

Eckenschliff *m.* DEK mitre or bevel cut(ting)

ED (= einfache Dicke von Fensterglas = 1.75–2 mm = 4/4 oder belgische Dicke) sheet glass of single thickness

E-Glas (= alkalifreies Glas) *n.* GF E-glass

Edelsteinimitation *f.* imitation of (precious) stones

eichen to calibrate

Eichsubstanz *f.* calibration sample, reference or standard sample

Eichung *f.* calibration

eigene Scherben *f.* pl. domestic or factory cullet

Eigenschaft *f.* property

einbrennen to fire, bake

Einbrenn-ofen *m.* (für keramisch bedruckte Flaschen) decorating lehr, sonst kiln, **–temperatur** *f.* firing temperature, maturing temperature

Eindickungsmittel *n.* thickening agent

einfallender Strahl *m.* incident ray or beam

einfrieren to freeze, solidify

Einfriertemperatur *f.* freezing or setting temperature

Einfüllen *n.* **des Postens in die Vorform** gob delivery, loading

eingebrannte Metallschichten *f.* pl. DEK metallic decorations

eingedrückter Hals *m.* F pinched neck

eingefrorener Durchlaß *m.* frozen throat

eingeglaster Hafen *m.* glazed pot

eingeschliffener Glasstöpsel *m.* ground glass stopper

Einhafenofen *m.* one-pot furnace

einhäusige Wanne *f.* single-compartment tank (with common space above melting and working chamber)

einräumige Wanne *f.* single chamber tank (without bridge or constriction)

Einkochglas *n.* preserving jar, home-canning jar

Einläufe *m.* pl. F short checks, light checks, split finish

einlegen 1. Gemenge = to charge a furnace, to feed batch, 2. konservieren = to preserve, can

Einleger *m.* filler-on

Einlege-schaufel *f.* filling shovel, **–vorbau** *m.* doghouse, **–vorbaubogen** *m.* doghouse arch, **–wand** *f.* back wall, gable wall

Einmachglas *n.* s. Einkochglas

einreihige Düse *f.* GF single-row bushing

einsacken to bag

Einsackmaschine *f.* GF compression bagging machine

Einscheiben-Sicherheitsglas *n.* toughened or tempered safety glass

Einschicht-Sicherheitsglas *n.* s. Einscheiben-Sicherheitsglas

Einschlag *m.* F dig, pit

Einschnürung *f.* O constriction

einseitig durchsichtiges Glas *n.* one-way vision glass

Einstichboden *m.* pushed punt, push-up bottom

Eintauch-Gemengespeiser *m.* enfolding batch charger, **–Thermoelement** *n.* immersion thermocouple

einteilige Form *f.* block mo(u)ld, one-piece mo(u)ld

Einträger (= Pfleger) *m.* taker-in

eintragen (= pflegen) to take in, carry in, charge the lehr, load the lehr

Eintragevorrichtung *f.* lehr loader, stacker

Eintrittsöffnung *f.* inlet opening

Einwegflasche *f.* one-way bottle, one-trip bottle, single-trip bottle, non-returnable bottle

einzügige Regenerativkammer *f.* O single-pass regenerator

Einzugseite *f.* O inlet side, influent side, ingoing side

Einzugsgebläse *n.* inlet blower

Eis(blumen)-ätzung *f.* frosting, **–glas** *n.* frosted glass

Eisboden *m.* heavy bottom

Eisen-abscheider *m.* magnetic separator, **–aventuringlas** *n.* iron aventurine (glass), **–beton** *m.* reinforced concrete

eisengefärbtes Glas *n.* iron-colo(u)red glass

Eisen-manganglas *n.* iron-manganese (colo(u)red) glass, **–oxyd** *n.* iron oxide, (**Ferro-–**) ferrous (iron) oxide, (**Ferri-–**) ferric (iron) oxide, **–oxydul** *n.* ferrous (iron) oxide, **–probe** *f.* rod proof, sample taken with proof rod

Eisfuß *m.* (= Bodeneis *n.*) F heavy bottom, heavy base

Ejektor-Venturischacht *m.* ejector type venturi stack

Elastizität *f.* elasticity, resilience, resiliency

Elastizitäts-grenze *f.* elastic limit, **–modul** *m.* modulus of elasticity, Young's modulus

elektrisch geschmolzene (oder gegossene) Steine *m.* pl. FF fused cast refractories, **– leitendes Glas** *n.* electrically conducting glass

elektrische Isolierung *f.* GF electrical insulation, **– Zusatzbeheizung** *f.* electric boosting, booster

elektrischer Leiter *m.* electric conductor, **– Schmelzofen** *m.* electric furnace

elektrisches Schmelzen *n.* **von Glas** electric melting of glass

Elektrode *f.* electrode

Elektro-korund *m.* fused corundum, **–lumineszenz** *f.* electro-luminescence

Elektronen-mikroskop *n.* electron microscope, **–röhre** *f.* thermionic valve, electron tube, audion electron valve

Elementarfaden *m.* GF filament

Emall(le) *n.* (*f.*) enamel, **–farbe** *f.* enamel, vitrifiable colo(u)r, **–glas** *n.* DEK enamel(l)ed glass

Emission *f.* O emission (of stack)

emulgieren to emulsify

Emulsion *f.* GF emulsion

endlose Faser (= Glasseide) *f.* continuous filament

enge Mündung *f.* F choke, choke(d) neck, choked bore

Enghalsgefäße *n.* pl. narrow neck ware

Engobe *m.* DEK engobe

Entalkalisierung *f.* dealkalization

entfärben to decolo(u)rize

Entfärber *m.* (=Entfärbemittel *n.*) decolo(u)rizing agent, decolo(u)rizer, decolo(u)rant

Entfärbung *f.* decolo(u)rization

entflammbar (in)flammable

Entflammbarkeit *f.* (in)flammability

entgasen to de-gas(ify), out-gas, bump

entglasen to devitrify

Entglasung *f.* devitrification

Entladungsröhre *f.* (vapo(u)r) discharge tube

Entlastungsbogen *m.* O invert arch, relief or relieving arch, jack arch

entlüften to vent

Entlüftungs-öffnung *f.* vent, weephole, **–stein** *m.* O flue block, damper (flue)block

Entmischung *f.* (von Gemenge) segregation, de-mixing

Entnahme *f.* (= Ausnahme) output, pull, **–greifer** *m.* pl. take-out tongs, take-out jaws, **–loch** *n.* ringhole, gathering ring or hole, **–raum** *m.* gathering end, flowing end, **–vorrichtung** *f.* IS take-out (device)

entschlichten GF to de-size

entspannen (= kühlen) to anneal

Entspannung *f.* stress release, strain release, annealing

Entspannungspunkt *m.* strain release point

Entstaubung *f.* dust collection, dust separation, dust arrest, dust removal

Entstaubungsanlage *f.* dust collector, dust arrester

Epoxydharz *n.* GVK epoxy resin

erblinden (= Blindwerden von Gläsern) to become tarnished

Erd-alkalien *n.* pl. alkaline earths, **–gas** *n.* natural gas

Erhitzungsmikroskop *n.* hot-stage microscope

Erlenmeyer-Kolben *m.* Erlenmeyer flask

Ermüdung *f.* fatigue

Ermüdungsfestigkeit *f.* fatigue strength, endurance limit

Erosion *f.* FF erosion (of refractories)

erstarren to solidify, to freeze, to set

Erstarrung *f.* solidification, freezing, setting

Erstarrungs-geschwindigkeit *f.* setting rate, **–temperatur** *f.* temperature of solidification, freezing or setting point

Erweichungspunkt *m.* (bei einer Viskosität von $10^{7.6}$ poise) softening point, Littleton point, seven-point-six temperature

Etikett *n.* label, **–fläche** *f.* (auf dem Behälter) recessed panel, label space, label panel
Etikettiermaschine *f.* labeling machine
Etikettierung *f.* labeling
Eutektikum *n.* eutectic
eutektisches Gemisch *n.* eutectic mixture
exotherme Temperatur *f.* exothermic temperature
Exsiccator *m.* desiccator
Extinktion *f.* extinction, absorbance, absorbency
Extinktionskoeffizient *m.* extinction coefficient

F

Fabrikations-fehler *m.* defect, **–kontrolle** *f.* product control, quality control
Facettenschliff *m.* DEK bevel cut (ting)
facettiertes Spiegelglas *n.* beveled plate or mirror glass
fachen GF to ply, double
Faden *m.* GF 1. filament, thread, 2. F string
Faden-auflage *f.* DEK applied threads, threading, **–führer** *m.* GF thread guide, **–glas** *n.* lace glass, **–kreuzteleskop** *n.* cross hair or wire telescope, **–öse** *f.* pigtail ring, **–nummer** *f.* GF yarn count, yarn number, **–wächter** *m.* GF stop motion, **–ziehmethode** *f.* (zur Viskositätsmessung) loaded fibre (= fiber) method, fibre elongation method
fädiges Glas *n.* F glass with filament-like cords, stringy glass
Färbemittel *n.* colo(u)ring agent, colo(u)rant
färben to colo(u)r (glass), to dye

Färbung *f.* 1. colo(u)ration, colo(u)ring, dyeing 2. hue
falscher Drall *m.* GF (= Scheindrall) false twist
Falschluft *f.* O infiltrated air, parasitic air, **–eintritt** *m.* air leakage
Falte *f.* F chill mark, lap, fold, pl.: washboard, ladders, brush marks
Fangstück *n.* (= Fangtafel *f.*) bait
Farb-beize *f.* stain, **–diagramm** *n.* (= Farb(en)dreieck *n.*, Farbtafel *f.*) chromaticity diagram, trichromatic diagram, tristimulus diagram, **–email** *n.* enamel, **–filter** *n.* colo(u)r(ed) filter, **–fritte** *f.* colo(u)red frit, **–glas** *n.* colo(u)red glass
farbiges Klarglas *n.* colo(u)red clear glass, **– Spiegelglas** *n.* colo(u)red plate glass, **– Tafelglas** *n.* colo(u)red sheet glass
Farb-intensität *f.* colo(u)r intensity, **–körper** *m.* body of a paint, pigment, **–komparator** *m.* colo(u)r comparator, **–koordinaten** *f.* pl. chromaticity coordinates, tristimulus values
farbloses Glas *n.* colo(u)rless glass, flint glass
Farb-sättigung *f.* purity, **–stich** *m.* tinge, tint, **–tafel** *f.* chromaticity diagram, tristimulus diagram, trichromatic diagram, **–ton** *m.* (= -tönung *f.*) shade, hue (= Maßzahl bei Munsell-Farbenlehre)
farbtongleiche Wellenlänge *f.* dominant wavelength
Farb-träger *m.* chromophore (group), **–zentrum** *n.* colo(u)r centre (= center)
Faser *f.* fibre (= fiber), filament

Faser-herstellung *f.* GF fibre production, fibre manufacture, **-schichtglas** *n.* insulated glass (= Thermolux)

Fasson *f.* shape, design, contour

Fassungsvermögen *n.* capacity

fäulnisfest rot-resistant, imputrescible

Feeder *m.*(=Speiser) feeder,**-becken** *n.* spout, bowl, **-färbung** *f.* colo(u)ring the glass in the feeder, **-kanal** *m.* forehearth, canal, channel, **-loch** *n.* feeder connection, feeder opening, **-maschine** *f.* gob-fed machine, flow machine, feeder machine, **-rinne** *f.* channel, **-verfahren** *n.* flow process, gob process, feeder process

Fehler *m.* defect, fault, flaw

fehlgeordnet disordered

Fehlordnung *f.* disorder

Fehlstelle *f.*(=Zwischengitterplatzbesetzung) Frenkel defect

feinbandige Schliere *f.* F fine ream, streak

feinblasig F seedy

feine Rauhigkeit *f.* (beim Bruchbild) fine hackle

feiner Kratzer *m.* F fine scratch

feinkörnig close-grained, fine-grained

feinkörniges Material *n.* fine grained material, fines

Feinkühlen *n.* fine annealing

feinmachen (=fertig schleifen) to finish cut

Feinschliff *m.* fine grinding

Feinschnitt *m.* DEK fine line

Feldspat *m.* fel(d)spar

Feldstecher *m.* field glass, binocular (glasses)

Fenster-glas *n.* window glass, sheet glass, **-scheibe** *f.* window pane

Ferasse *f.* grinding wheel or head, runner

Ferassenkratzer *m.* F runner cut

Ferngas *n.* long-distance gas, industrial gas, coke oven gas

Fernglas *n.* s. Feldstecher

Fernseh-röhre *f.* television tube or bulb, **-schirm** *m.* television screen, faceplate

Ferrieisen *n.* ferric irion

Ferroeisen *n.* ferrous iron

Fertig-blasen *n.* IS final blow, **-erzeugnis** *n.* finished product, finished article, **-form** *f.* blow mo(u)ld, **-macher** *m.* gaffer, finisher, **-schliff** *m.* finish cut

Fertigungsprozeß *m.* manufacturing process

Festblaseluft *f.* IS settle air

festblasen IS v. to blow down

Festblasen IS *n.* blow-down, settle blow, vacuum settle (mittels Vakuum)

Festblasewelle *f.* (= Festblasespiegel *m.*) settle wave

Festmaße (= feste Maße) *n.* pl. special sizes, sizes cut to customer's specifications

fettes Medium *n.* F (beim Daueretikett) fat medium

Fett-öl *n.* fat oil, **-stift** *m.* wax crayon or pencil, pigmented adhesive crayon

Feuchtigkeit *f.* moisture, humidity

feuchtigkeitsbeständig resistant to moisture, moisture-resistant

Feuchtigkeitsbeständigkeit *f.* moisture resistance, resistance to moisture

Feuer *n.* fire, light, luminous signal

feuer-beständig fire-resistant or resisting,**-feste Oxyde** *n.* pl. refractory oxides, **-feste Stampfmasse** *f.* FF refractory ramming mix

feuer-feste Steine *m.* pl. refractory material, refractories, refractory blocks, **–fester Knollenton** *m.* nodular fireclay (=burley (flint)), **–fester Mörtel** *m.* refractory mortar or cement, **–festes Glas** *n.* oven glass, heat-resisting glass, cooking ware, top-of-stove-ware, **–festes Material** *n.* refractory material, refractories, **–festigkeit** *f.* refractoriness

Feuer-führung *f.* firing, method of firing, firing schedule, control of firing, **–gase** *n.* pl. waste gases, flue gases, exit gases, exhaust gases, **–kammer** *f.* combustion chamber, fire box, hearth

feuerpolieren to fire-polish, fire-finish, flame-polish, glaze

Feuer-poliervorrichtung *f.* fire-polisher, **–politur** *f.* fire-polished surface

feuersicher fire-proof, flame-proof

Feuerung *f.* heating, firing

Feuerungstechnik *f.* firing practice, fuel engineering

feuerungstechnischer Wirkungsgrad *m.* thermal efficiency, firing efficiency

Feuer-wechsel *m.* reversal (of the firing cycle), change-over, **–weiß** *n.* F feathers, **–zone** *f.* firing zone, fire box

Fieberthermometer *n.* clinical thermometer, fever thermometer

Filasse *f.* (= feiner Kratzer *m.*) F sleek, slick, fine scratch

Filigranglas *n.* filigree glass, lace glass, „latticinio" glass

Filter *n.* GF filter, **–packung** *f.* GF filter pad

Filz *m.* GF batt, felt, **–scheibe** *f.* felt disk (= disc), felt wheel

Fingerschale *f.* finger bowl

Flach-boden *m.* flat bottom, **–farben** *f.* pl. DEK vitrifiable surface colo(u)rs, **–glas** *n.* flat glass, (comprises sheet and plate glass),**– –ofen** *m.* flat glass furnace, **–lagenbauweise** *f.* o multiple course construction, horizontal setting (of furnace sidewalls), **–schlagprobe** *f.* flattening test, **–schliff** *m.* panel cut(ting)

Fläche *f.* (sur)face

Flächenschleifmaschine *f.* (blank mo(u)ld) face grinder

Flakon *m.* small bottle, scent bottle

Flamme *f.* flame, blaze

Flammen-aufprall *m.* flame impingement, **–(aus)strahlung** *f.* radiation of flame, emissivity, **–einstellung** *f.* control of flame, adjustment of flame, flame adjustment, **–emission** *f.* flame emission, **–fotometrie** *f.* flame photometry, **–säuberung** *f.* heat-cleaning, fire-cleaning, **–spitze** *f.* tail of flame, **–temperatur** *f.* flame temperature, temperature of flame

Flammpunkt *m.* flash point, fire point

flamm(en)sicher flame-proof, fire-proof

Flasche *f.* bottle, flask

Flaschen-abfüller *m.* bottler, **–abfüllung** *f.* bottling, **–blasmaschine** *f.* bottle blowing or forming machine, **–boden** *m.* bottom, base, punt of a bottle, **–brust** *f.* shoulder of a bottle, **–hals** *m.* neck of a bottle, **–mündung** *f.* finish of a bottle, bottle finish, **–öffner** *m.* bottle opener, **–pfand** *n.* deposit, **–schulter** *f.* shoulder of a bottle

Flaschen-spülmaschine *f.* bottle washing machine, **–verschluß** *m.* bottle closure, cap, **–zylinder** *m.* body of a bottle, panel, barrel

flechten GF to braid

Fleck *m.* F 1. (durch Säureangriff) stain, 2. (sonstige Verunreinigung) mark, spot, flaw, speck, **–enempfindlichkeit** *f.* (des optischen Glases) staining class

Flickstein *m.* FF patch block

Fließ-bild *n.* flow sheet, **–geschwindigkeit** *f.* rate of flow, **–grenze** *f.* (= Fließpunkt *m.*) flow point, yield point, **–koeffizient** *m* coefficient of flow, **–punkt** *m.* (= bei 10^5 poise) flow point, yield point, **–speiser** *m.* flow feeder, **–temperatur** *f.* s. Fließpunkt

Flint(blei)glas *n.* flint (optical) glass

Flintstein *m* flint pebble

Flitter *m.* tinsel, frost

flüchtiger Bestandteil *m.* volatile constituent

Flugsand *m.* quick sand

Fluor *n.* fluorine, **–boratglas** *n.* fluor borate glass, **–eszenz** *f.* fluorescence, **–eszenzlampe** *f.* fluorescent lamp

Fluorid *n.* fluoride

Fluorkronglas *n.* fluor crown glass

Fluse *f.* GF F slub

Fluß-mittel *n.* flux, fluxing agent, **–säure** *f.* hydrofluoric acid, **–spat** *m.* fluorspar

Förderband *n.* belt conveyor, conveyor belt

Folie *f.* film, foil

Form *f.* 1. shape, form, design, 2. mo(u)ld, die, matrix

in Formen geblasenes Glas *n.* mo(u)ld blown glass, mo(u)lded glass

Formen-ausrüstung *f.* (= Trichter, Boden *m.* usw.) mo(u)ld equipment, **–entwurf** *m.* mo(u)ld design, **–guß** *m.* mo(u)ld iron, mo(u)ld casting, **–kühlung** *f.* mo(u)ld cooling, **–lehre** *f.* mo(u)ld ga(u)ge, **–modell** *n.* master mo(u)ld, **–naht** *f.* mo(u)ld seam, parting line, joint-line, **–reparaturwerkstatt** *f.* mo(u)ld repair shop, **–schmiermittel** *n.* mo(u)ld lubricant, dope, **–träger** *m.* mo(u)ld holder, **–trägerbolzen** *m.* mo(u)ld hinge pin, mo(u)ld shaft, **–wechsel** *m.* mo(u)ld change, job change (bei Umbau auf neue Artikel), **–werkzeuge** *n.* pl. mo(u)ld equipment, **–zarge** *f.* dovetail, register, **–zuhaltezylinder** *m.* clamp cylinder, **–zunder** *m.* mo(u)ld scale

Formgebung *f.* forming, mo(u)lding, designing, shaping

Formgebungsvorgang *m.* forming operation or process

Forsteritstein *m.* FF forsterite block

fortheizen (ohne Produktion bei Arbeitstemperatur) to fire over, to idle, lie by

freie Maße *n.* pl. (= Freimaße bei Flachglas) stock sizes

Freigabe *f.* (des fertigen Artikels aus der Form) delivery, discharge

Freihandblasen *n.* MB offhand blowing

freihandgeblasenes Glas *n.* free-blown glass, offhand glass

Freiraum *m.* expansion space, headspace, vacuity, ullage, corkage

fremde Scherben *f.* pl. foreign cullet

Fremdkörper *m.* F foreign matter, foreign body

Frequenz *f.* frequency, periodicity, cycles (= Stromfrequenz)

Fresnel-Linse *f.* Fresnel type lens, **–system** *n.* Fresnel type system

Fritte *f.* frit, quenched or drag(l)ad-(l)ed cullet

fritten to frit, shrend, sinter

Fritteofen *m.* frit furnace

Froschhaut *f.* F orange peel, hog(ging), drag

Frühbeetfenster *n.* hotbed window

Fuchs *m.* o flue, air duct

fühlbare Wärme *f.* sensible heat

Fühlerlehre *f.* (=Spion *m.*) feeler ga(u)ge

Führungs-gewölbe *n.* (am Brenner) o crown rake, port cap rake, port neck cap, **–trichter** *m.* GF funnel or trumpet guide

Füll-falte *f.* F loading mark, **–farben** *f.* pl. filler pigments, **–form** *f.* (= Vorform) blank mo(u)ld, parison mo(u)ld, **–höhe** *f.* fill-(ing) point, **–mittel** *n.* filler, **–stellung** *f.* IS loading position

füllvoller Inhalt *m.* capacity at filling point, effective capacity

Fundament *n.* (einer Maschine) footing, base

Funkenspektroskopie *f.* arc spectrography

Fuß *m.* foot, **–formholz** *n.* MB footboard, wood clapper, **–macher** *m.* MB foot caster, foot maker, **–rohr** *n.* (einer Glühlampe) stem tube

Futter *n.* lining

G

Gabel-anker *m.* pronged anchor, **–stapler** *m.* fork lift truck

Gärtnereiglas *n.* s. Gartenglas

Galeriebrenner *m.* gallery burner

Galle *f.* gall, scum

galvanische Versilberung *f.* DEK silver deposit work, silver plateing, silvering

galvanisch plattieren to electroplate

Galvanodekor *n.* electro-plated decoration

Gangunterschied *m.* optical path difference, optical retardation

Ganzglasarbeit *f.* all-glass construction

Garn *n.* GF yarn, thread, **–nummer** *f.* count, yarn count

Garten-blankglas *n.* horticultural sheet glass, **–glas** *n.* horticultural glass, **–klarglas** *n.* horticultural (cathedral) glass

Gas *n.* gas, **–absorptionsmittel** *n.* gas-absorbing agent, **–analyse** *f.* gas analysis, **–analysegerät** *n.* gas analyzer

gasbildendes Mittel *n.* gassifying agent

Gas-blase *f.* gas bubble, seed, gaseous inclusion or occlusion, **–brenner** *m.* gas burner, **–druck** *m.* gas pressure, **–einschluß** *m.* s. Gasblase, **–erzeuger** *m.* gas producer, generator, **–feuerung** *f.* gas firing, **–kammer** *f.* gas chamber, gas regenerator, **–leitung** *f.* gas main, gas flue, gas pipe, gas line, **–messer** *m.* gas meter, **–prüfer** *m.* gas analyzer, **–regelventil** *n.* gas control valve, **–reinigung** *f.* gas cleaning, gas washing or purification, **–ruß** *m.* carbon black, **–schacht** *m.* (im Brenner) gas uptake, **–wechselkanal** *m.* gas regenerator flue, gas reversal flue, **–zähler** *m.* gas meter

geätzt etched

Gebläse *n.* fan, blower, ventilator, **–lampe** *f.* glass blower's lamp

Gebläse-schlitz *m.* GF slot (of steam blast), **— mit Umkehrvorrichtung** (= Saugzug) reversible pitch stack fan

geblasenes Glas *n.* blown glass, **— Tafelglas** *n.* blown sheet glass

gebogenes Glas *n.* bent glass

gebrannter Kalk *m.* quicklime, burnt lime, calcium oxide

Gebrauchsglas *n.* utility glass(ware) domestic glass(ware)

gebrochene Mündung *f.* F broken finish

gedeckter Hafen *m.* covered pot, closed pot, hooded pot

gefachtes Garn *n.* GF plied yarn, multiple end thread or yarn

geflochtener Schlauch *m.* GF braided sleeving

geflochtene Schnur *f.* GF braid

geformtes Glas *n.* mo(u)lded glass-(ware)

Gefrierriß *m.* F crizzle, hairline

gefrittete Glasur *f.* fritted glaze, **— Scherben** *f.* pl. dragaded (= dragladled) cullet, quenched cullet

gegossenes Glas *n.* (= Gußglas) (rolled) cast glass

Gehalt *m.* content(s)

gehämmerte Flaschenoberfläche *f.* F hammered bottle surface

gehämmertes Glas *n.* hammered glass

gehärtetes Glas *n.* toughened glass, tempered glass, heat-treated glass

gekämmtes Glas *n.* 1. DEK combed glass, 2. F very cordy glass (where cords appear in filament-like shape), striated glass

gekörnte Soda *f.* granular soda ash

„Geklebte" *n.* pl. F stuck ware

gekräuselte Faser *f.* GF crimped fibre (= fiber), curled fibre

gekreuzte Nicols *n.* pl. crossed nicols

gekröpfter Formenträger *m.* offset mo(u)ld holder

geläutertes Glas *n.* (re)fined glass, plain glass

Gel *n.* GVK gel

Gelbbeize *f.* yellow stain

gelieren to gel

gelippt DEK crimped, gauffered (= goffered)

gelöschter Kalk *m.* hydrated lime, slaked lime, calcium hydroxide

Gelzeit *f.* GVK gelling time, setting time

gemahlener feuerfester Ton *m.* ground fireclay

gemauerter Brenner *m.* O port

Gemenge *n.* batch, batch mix (= fertig gemischt) **—anlage** *f.* batch house, batch (preparation) plant, batch mixing plant, **—brikettierung** *f.* briquetting of batch, **—bunker** *m.* batch bin, batch hopper, **—charge** *f.* charge, fill, **—decke** *f.* batch blanket, **—einlegevorrichtung** *f.* batch charger, batch feeder, **—einlegung** *f.* batch feeding, filling-in, **—haufen** *m.* batch pile or lump, **—haus** *n.* s. Gemengeanlage, **—herstellung** *f.* preparation of batch, **—kammer** *f.* s. Gemengeanlage, **—macher** *m.* batch mixer or operator, **-mischer** *m.* batch mixer, **—mischung** *f.* batch (mix), **—satz** *m.* batch formula, batch composition, **—speiser** *m.* s. -einlegevorrichtung, **—staub** *m.* carry-over, batch dust, **—steinchen** *n.* F batch stone, stone from batch, **—teppich** *m.* batch blanket or carpet

Gemengeumstellung *f.* change of batch formula

Gemischregler *m.* mixture corrector

Generator *m.* gas producer, **–gas** *n.* producer gas

genetztes Glas *n.* DEK reticulated glass, lace glass

gepreßtes Glas *n.* pressed glass(ware)

Geräteglas *n.* chemical glass(ware)

gerautetes Glas *n.* lozenged glass, diamond patterned glass

geriffeltes Glas *n.* fluted glass

geripptes Glas *n.* ribbed glass, rippled glass

gerissene Mündung *f.* F split finish

Gerüst *n.* GF grille

Gesäß *n.* (= Hafenbank *f.*) bench, seat

Gesenk *n.* die, matrix

geschlichtet GF sized

geschliffenes Glas *n.* cut glass, ground glass, **– Spiegelglas** *n.* ground plate glass

geschlossener Hafen *m.* closed pot

geschrenkte Mündung *f.* F crizzled finish

gesinterte Faser *f.* GF sintered fibre (= fiber)

gesplitterte Mündung *f.* F chipped finish

gesponnenes Glas *n.* GF spun glass

gestampfter Stein *m.* FF rammed block

Gesteinswolle *f.* (= Steinwolle) rock wool

Gestell *n.* GF (= Gitter beim Düsenblasverfahren, an dem die Haube befestigt ist) grille

gesteppte Matte *f.* GF sewn blanket, sewn sheet

Getränkeflasche *f.* beverage bottle

Getriebe *n.* gear, gearing, pinion

getrübtes Glas *n.* milk glass, opal glass, opacified glass, pot opal

Gewächshaus *n.* greenhouse, hothouse

Gewebe *n.* GF cloth, fabric, **–faden** *m.* GF pick, end, **–rand** *m.* (= Salkante *f.*) selvage, list

gewellte Faser *f.* GF undulated fibre (= fiber)

Gewinde *n.* thread

Gewölbe *n.* O crown, cap, arch, roof, **–druck** *m.* thrust of crown, **–keil** *m.* key, **–krone** *f.* spider, **–stein** *m.* crown brick, arch brick, **–stich** *m.* rise of a crown

gewölbte Mündung *f.* F bulged finish

gezängte Verzierung *f.* DEK quilling, pinched (= pincered) trailing

gezwirnt GF twisted

Gichtgas *n.* blast furnace gas

gießen to cast, teem

Gießer *m.* caster, teemer, ladler

Gieß-hafen *m.* casting pot, teeming pot, **–löffel** *m.* casting ladle, **–tisch** *m.* casting table

giftig toxic, poisonous

Giftigkeit *f.* toxicity

Gips *m.* gypsum, plaster (of Paris), **–rot** *n.* tint plate

Gispe *f.* F seed

gispiges Glas *n.* seedy glass

Gispigkeit *f.* seediness

Gitter *n.* (Kristall) lattice, **–konstante** *f.* lattice constant, **–mauer** *f.* O latticed partition, **–stein** *m.* O checker (brick), **–werk** *n.* (= Kammerpackung *f.*) O checker setting, regenerator packing, checkerwork, filling

Glanz-beize *f.* DEK lustre stain (= luster stain), **–gold** *n.* DEK bright gold, burnished gold

Glanz-metall *n.* DEK (liquid) bright metal, burnished metal, **–silber** *n.* DEK bright silver, burnished silver

Glas *n.* 1. (Material) = glass, 2. (Gefäß) = glass, jar, tumbler, **–abflußrinne** *f.* (an der Verarbeitungsmaschine) cullet interceptor, **–abschnitt** *m.* (bei Saugmaschinen) cut-off, **–abschnittsnarbe** *f.* cut-off scar

Glas (aus der Schmelze) aufnehmen to gather glass, withdraw glass

Glas-achat *m.* obsidian, **–analyse** *f.* glass analysis, glass composition

glas-arme Stellen *f.* pl. GVK resin-rich areas, glass fibre (= fiber) starved areas, **–artig** glassy, vitreous

Glas-auge *n.* glass eye, artificial eye, **–bad** *n.* glass bath, metal bath, **–badtiefe** *f.* glass depth, metal depth, **–band** *n.* glass ribbon, **–baustein** *m.* glass block, glass brick, **–becher** *m.* glass tumbler, **–bedachung** *f.* glass roofing, **–behälter** *m.* glass container, **–bestandteil** *m.* glass component, glass constituent, **–beton** *m.* concrete pavement lights, pavement and roofing lights, lenses

Glas biegen to bend glass

Glas-bildner *m.* glass former, glass forming element or material, **–birne** *f.* glass bulb, **–bläser** *m.* glass blower, **–bläserlampe** *f.* glass blower's lamp

Glas blasen to blow glass

Glas-bruch *m.* cullet, broken glass, **–bürste** *f.* glass brush, **–dach** *n.* glass roof, **–dose** *f.* glass box, squat jar, **–eigenschaft** *f.* property of glass, glass property,

–einschluß *m.* F occlusion, inclusion, stone

Glaser *m.* glazier, **–beitel** *m.* sash mortise chisel, **–blei** *n.* glazier's lead, **–diamant** *m.* cutting stone, cutter, diamond (cutter)

Glaserit *m.* glaserite, aphthitalite

Glaserkitt *m.* glazier's putty

Glas-fabrik *f.* glass factory, glass works, glass house, **–faden** *m.* glass filament, glass thread, **–farbe** *f.* glass colo(u)r, ceramic colo(u)r, enamel, **–faser** *f.* glass fibre (= fiber), fibrous glass, **–(faser)filter** *n.* glass fibre filter, **–(faser)gewebe** *n.* glass cloth or fabric, **–faserverstärkte Kunststoffe** *m.* pl. glass fibre (= fiber) reinforced plastics, **–faservlies** *n.* veil, bonded mat, tissue, **–faserzwirn** *m.* twisted thread, yarn, **–fehler** *m.* glass defect, fault, **–fenster** *n.* glass window, **–fertigung** *f.* manufacture of glass, glass making, **–filter** *n.* glass filter, **–flasche** *f.* glass bottle, **–fliese** *f.* glass tile, **–fluß** *m.* paste, **–folie** *f.* glass foil, **–form** *f.* glass mo(u)ld, **–fritte** *f.* glass frit, **–galle** *f.* glass gall, **–garn** *n.* GF glass yarn, glass thread, **–gefäß** *n.* glass container, glass vessel, **–gegenstand** *m.* glass object, glass article, **–gemenge** *n.* glass batch, **–gespinst** *n.* glass fibres (= fibers), spun glass, **–gewebe** *n.* glass cloth, glass fabric, **–glocke** *f.* glass bell, bell jar, **–gravur** *f.* DEK glass engraving, **–härte** *f.* glass hardness, **–hafen** *m.* glasshouse pot, **–hafenschamotte** *f.* grog for glasshouse pots, **–hahn** *m.* glass cock, glass tap

Glas-harfe *f.* (= -harmonika) glass harmonica, **-hersteller** *m.* glass manufacturer, **-herstellung** *f.* manufacture of glass, glass manufacture, glass making, **-hütte** *f.* glass factory, glass works, glass house

glasierter Hafen *m.* glazed pot

glasig (= glasartig) glassy, vitreous

glasiger Zustand *m.* glassy, vitreous state

Glas-industrie *f.* glass industry, **-instrument** *n.* glass instrument, **-intarsien** *f.* pl. DEK glass inlay-(ing), inlaid work, intarsia, **-isolator** *m.* glass insulator, **-jalousie** *f.* glass louvre (=louver), louvre window, jalousie, **-kapillare** *f.* glass capil(l)ary, **-kitt** *m.* glass glue, **-knopf** *m.* glass button, **-körper** *m.* glass body, vitreous body, **-kolben** *m.* s. -birne, **-krösel** *m.* pl. coarse glass powder, frost, **-kugel** *f.* glass sphere, marble (for glass filament), **-kugelofen** *m.* (glass) marble furnace, **-kugler** *m.* (= -schleifer) glass cutter, brilliant cutter, **-lava** *f.* (= Obsidian *m.*) obsidian, vitreous lava, volcanic glass, **-leim** *m.* s. Glaskitt, **-linse** *f.* lens, **-macher** *m.* glass maker, **-macherbank** *f.* glass blower's chair, glass maker's bench, **-macherkunst** *f.* art of glass making, **-machermeister** *m.* gaffer, head workman, **-macherpfeife** *f.* blowpipe, blowing iron, **-macherseife** *f.* (= Braunstein *m.*) manganese dioxide, pyrolusite, **-macherstuhl** *m.* s. Glasmacherbank, **-malfarben** *f.* pl. vitrifiable colo(u)rs, enamels, **-maler** *m.* glass painter, **-malerei** *f.*

glass painting, glass staining, **-masse** *f.* mass of glass, glass body, metal, **-mehl** *n.* glass powder, powdered glass, **-Metallverschmelzung** *f.* glass-to-metal seal, **-mosaik** *n.* glass mosaic, **-oxyd** *n.* glass forming oxide, **-papier** *n.* glass paper, **-parabolspiegel** *m.* parabolic glass reflector, **-paste** *f.* (= Glasfluß *m.* zur Herstellung künstlicher Edelsteine) glass paste, **-perle** *f.* 1. glass bead, 2. F GF shot, slug, **-pflaster** *n.* glass paving, **-plastik** *f.* glass figurine, glass sculpture, **-platte** *f.* glass panel, glass board, glass plate, glass slab, **-polierer** *m.* glass polisher, **-posten** *m.* gather (usually handmade), gob (in machine operation), **-presse** *f.* glass press(ing machine), **-preßling** *m.* glass blank, **-prisma** oder **-prisme** *n.* oder *f.* glass prism, prismatic block, **-raster** *m.* light diffusing panel, **-rohr** (= -röhre) *n.* (*f.*) glass tube, tubing, pipe, piping, **-satz** *m.* (= Gemenge *n.*) batch (formula), composition, **-schale** *f.* glass dish, glass bowl, **-scheibe** *f.* glass pane, light, disk (= disc), **-scheitel** *m.* lens vertex, **-scherben** *f.* pl. cullet, broken glass, **-schere** *f.* scissors, **-schild** *n.* glass sign(board), **-schleifen** *n.* DEK (= -schneiden) brilliant cutting, **-schleifer** *m.* brilliant cutter, glass cutter, glass grinder, **-schleiferei** *f.* glass grinding shop, brilliant cutting shop, **-schleifmaschine** *f.* glass grinding machine, **-schliff** *m.* 1. brilliant cutting, 2. ground glass joint, **-schmelze** *f.* metal, glass melt

Glas-schmelzer *m.* (metal) teaser, melter, **–schmelzofen** *m.* glass melting furnace, tank, **–schmelzwannenofen** *m.* tank furnace, **–schnee** *m.* DEK glass powder, **–schneider** *m.* glass cutter, **–schneidewerkzeug** *n.* glass cutting tool, **–schweiß** *m.* glass gall, **–seide** *f.* GF continuous filament, **–seidensteppmatte** *f.* GF needled mat, **–silberkonvexspiegel** *m.* silvered convex glass reflector, **–silberparabolspiegel** *m.* silvered parabolic glass reflector, **–silberspiegel** *m.* silvered glass mirror, reflector, **–sortierer** *m.* sorter, selector, inspector, **–spannungen** *f.* pl. strains in glass, **–speiser** *m.* glass feeder, **–spiegel** *m.* glass mirror, **–spiegel(linie)** *m.* (*f.*) glass level, flux line, metal line, **–splitter** *m.* fragment of glass, **–spritze** *f.* glass syringe, **–stab** *m.* glass rod, cane, **–stahlbeton** *m.* reinforced concrete pavement (and roofing) lights, **–stand** *m.* glass depth, **–standanzeiger** *m.* liquid level indicator, glass level indicator, **–standregler** *m.* glass level controller or regulator, **–staub** *m.* glass powder, powdered glass, **–stein** *m.* artificial gem, paste jewel, **–stöpsel** *m.* s. Glasstopfen, **–stopfen** *m.* glass stopper, **–strömung** *f.* flow of glass, glass flow, glass current(s), **–struktur** *f.* structure of glass, glass structure, **–sturz** *m.* glass bell, shade, **–tafel** *f.* glass sheet, glass panel, **–tasche** *f.* (beim Hafenofen) pocket, **–technologie** *f.* glass technology, **–tiefe** *f.* depth of glass, metal depth, **–tinte** *f.* glass ink, **–träne** *f.* glass drop, glass tear, **–trichter** *m.* glass funnel, **–trübung** *f.* muddiness, cloudiness, opacification (of glass)

Glasur *f.* glaze

Glas-verarbeitung *f.* working of glass, forming of glass, glass working or forming, **–verarbeitungsmaschine** *f.* glass working machine, glass forming machine, **–veredelung** *f.* glass decoration, decoration of glass, **–veredler** *m.* glass decorator, **–vergoldung** *f.* DEK glass gilding, **–vergütung** *f.* refining or plaining (of optical glass), **–verpackung** *f.* glass package, **–versilberung** *f.* DEK glass silvering, **–verteilung** *f.* glass distribution, **–wand(ung)** *f.* glass wall, glass partition, **–waren** *f.* pl. glass ware, glass articles, **–watte** *f.* GF glass wool (made by a centrifugal process), **–wolle** *f.* GF glass wool, **–wollebahn** *f.* GF glass wool blanket, **–wollematte** *f.* GF glass wool blanket, sewn blanket, **–zelt** *n.* cloche, **–zement** *m.* glass cement, **–ziegel** *m.* glass tile, **–zusammensetzung** *f.* composition of glass, glass composition, **–zylinder** *m.* glass cylinder, muff (in obsolete window making process)

Glatt-brand *m.* sharp fire, **–schachtpackung** *f.* o chimney packing or setting

Gleichstrom *m.* direct current (= D.C.)

Gleiten *n.* (= Rutschen der Fäden im Gewebe) GF slippage, slipping, wasting

Gleitmittel *n.* lubricant

Glimmer *m.* mica

Glühfadenpyrometer *n.* disappearing filament pyrometer, optical pyrometer, monochromatic pyrometer

Glühlampe *f.* incandescent lamp, (electric) bulb

Glühlampen-glasgestell *n.* filament support, **–kolben** *m.* electric lamp or bulb, – –**Blasmaschine** *f.* glass bulb forming machine, **–sockel** *m.* lamp base

Glühverlust *m.* ignition loss

Goldchlorid *n.* gold chloride

goldgelbes Glas *n.* amber glass

Goldrubinglas *n.* gold ruby glass

Graphit *m.* graphite, **–form** *f.* carbon (lined) mo(u)ld, graphited mo(u)ld

graphitierte Tauchform *f.* (für nahtlose Gläser) paste mo(u)ld

granulieren to granulate

granulierte Soda *f.* granular soda (ash)

grau F (= nicht auspoliert) grey, bloach, short finish

graues Glas *n.* grey glass

Grauglas *n.* s. graues Glas

Graveur *m.* DEK engraver

gravieren to engrave

gravimetrische Probe *f.* gravimetric assay

Gravur *f.* DEK engraving

Grenzflächenspannung *f.* interfacial tension

Griffkorken *m.* flange cork closure

grobe Faser *f.* GF coarse fibre (= fiber), **– Rauhigkeit** *f.* (beim Bruchbild) coarse hackle

Größe *f.* size

Grübchen *n.* F dig, pit

Grün-beize *f.* DEK green stain, **–glas** *n.* green glass

Grundierung *f.* primer, priming (coat)

Grundriß *m.* plan view

Guckloch *n.* peephole, inspection hole, observation port, sight hole

Guillochieren *n.* DEK needle etching

Guillochiermaschine *f.* needle etching machine

Gummi-arabikum *n.* DEK gum arabic, **–dichtring** *m.* rubber ring, O-ring, **–puffer** *m.* rubber buffer, **–rakel** *m.* squeegee

Guß *m.* cast iron, casting, **–becken** *n.* SP spout casing, **–eisen** *n.* pig iron, cast iron, casting, gray iron, **–glas** *n.* cast glass, rolled glass, **–masse** *f.* für FF Material (casting) slip, castable refractory, **–tisch** *m.* casting table, **–walze** *f.* casting roller, forming roll(er)

H

Haarriß *m.* F crizzle, **– Mündungsprüfer** *m.* crizzle detector

Hänge-boden *m.* F sunken bottom, rocker bottom, **–decke** *f.* O suspended crown or roof, **–deckenstein** *m.* suspended roof brick, **–gewölbe** *n.* s. Hängedecke, **–tür** *f.* shear-cake

Härte *f.* hardness

härten to harden, temper, strengthen, toughen

Härteofen *m.* GF curing oven

Härter *m.* GVK hardener, curing agent

Härtezahl *f.* hardness number

Härtezeit *f.* curing time

Hafen *m.* pot

Hafen ausfahren to remove the pot from the furnace

Hafen ausgießen to teem

Hafen austragen to tap

Hafen-bank *f.* (= Gesäß *n.*) bench, seat, **-bruch** *m.* grog, **-drehscheibe** *f.* turnplate, turntable, **-glas** *n.* pot glass, **-karren** *m.* pot wagon, **-macher** *m.* pot maker, **-ofen** *m.* pot furnace, **-rohglas** *n.* transfer glass, **-scherben** *f.* pl. potsherds, potshells, **-schmelze** *f.* melting glass in pots, pot melting (operation), **-setzen** *n.* setting the pots, pot setting, **-temperofen** *m.* pot arch, **-ton** *m.* pot clay, **-tor** *n.* pot opening

Haftgläser *n.* pl. contact lenses

Haftmittel *n.* adhesive

Hager-Kranz *m.* GF Hager crown

Hager-Scheibe *f.* Hager disk (=disc)

halbautomatsich semi-automatic

Halb-fabrikat *n.* semi-finished article, semi-manufactured article, **-gasofen** *m.* semi-direct furnace, **-kristall(glas)** *m.* (*n.*) half crystal, demi-crystal, semicrystal, **-leiter** *m.* semi-conductor

halb-steife Platte *f.* GF semi-rigid board, **-tiefer Durchlaß** *m.* O intermediate level throat, **-weißes Glas** *n.* pale green glass, light green glass, green tint

Hals *m.* neck, **-ansatz** *m.* (= -anschluß) root of neck, base of neck, **-ring** *m.* (an der Flasche) transfer bead, locking ring, holding ring, reinforcing ring

haltbar durable, stable, strong, fast (of colo(u)rs)

Haltbarkeit *f.* life, durability, stability, endurance, solidity

Hammer-mühle *f.* hammer mill, **-schlag** *m.* scale

Harnbecken *n.* urinal

Hartglas *n.* hard glass, tempered, toughened, heat-strengthened glass

hartlöten to braze

Harz *n.* (= Kunstharz) (synthetic) resin

harz-arme Stellen *f.* pl. GVK resin-starved areas, **-gebundene Platte** *f.* GF resin-bonded board, **-reiche Stellen** *f.* pl. GVK resin-rich areas

Haspel *f.* GF reel, winder

haspeln to reel, wind

Haube *f.* GF (beim Owens-Verf.) forming hood

Haubenhafen *m.* covered pot, closed pot, hooded pot

Haupt-kaminkanal *m.* main chimney flue, **-(regenerativ)kammer** *f.* O primary regenerator

Haushalts-glas *n.* domestic glass ware, **-konservenglas** *n.* household preserving jar, home canning jar

Hebelverschluß *m.* strap and lever stopper (= mechanical closure)

Heber *m.* siphon (tube)

Heft-eisen *n.* pontil, pontee, punty, **-glas** *n.* moil

heiße Stelle *f.* hot spot

Heiß-reinigung *f.* heat cleaning, fire cleaning or flame cleaning, **-reparatur** *f.* O hot repair, **-rißbildung** *f.* F hot checking, **-risse** *m.* pl. F hot checks, fire cracks

heißschüren to increase the furnace temperature

Heiz-fläche *f.* heating area, **-gase** *n.* pl. waste gases, flue gases, exit gases, exhaust gases, **-öl** *n.* fuel oil

Heizwert *m.* calorific value, heating value or power, **oberer —** gross or upper calorific value, **unterer —** net calorific value

Helligkeit *f.* (in der Munsell-Farbenlehre) value, sonst brightness, lightness

Hellographie *f.* DEK sand blasting technique, where the pattern is masked and the background frosted

Hemmungskörper *m.* inhibitor

Henkelflasche *f.* handled jug

Herd *m.* hearth, **–glas** *n.* slag, **–glas ziehen** (= abschlacken, Hafen austragen) to tap, **–raum** *m.* heating chamber, combustion space or chamber

Herstellungsvorschrift *f.* specification

Hilfsobjekt *n.* tint plate

Hinterglasmalerei *f.* rustic glass painting technique for making wall pictures (17th cty) involving the application of transparent stains on the back surface of glass panels; also used for signboards etc.

hitzebeständiges Glas *n.* heat-resisting glass, glass resistant to heat

Hitzebeständigkeit *f.* high temperature resistance, heat resistance

hitzehärtbare Preßmasse *f.* GVK thermosetting mo(u)lding compound, putty premix, **– Substanzen** *f.* pl. (= Thermodure *n.* pl.) GVK thermosetting materials

Hitzesprung *m.* F hot check, crizzle, crack, craze

hochgezogene Regenerativkammer *f.* O box-type regenerator

Hochofenschlacke *f.* blast furnace slag

Hochschnitt (= -schliff) *m.* DEK high relief carving or cutting or engraving

hochtonerdehaltiges Material *n.* FF high alumina refractories

Höhe *f.* height

„hoher" Nocken *m.* IS X-button, „off" button

Hohl-boden *m.* concave bottom, **–form** *f.* (= Model) (metal) dip mo(u)ld, **–fuß** *m.* (bei Kelchglas) hollow foot, **–glas** *n.* hollow glass (ware), container glass (ware), **–glasbaustein** *m.* hollow glass block or brick, **–glasindustrie** *f.* container glass industry, **–glasmacher** *m.* (= Glasbläser) glass blower, **–glaswanne** *f.* furnace for melting container glass, container glass furnace or tank, **–naht** *f.* fillet, **–schliff** *m.* hollow cut(ting), intaglio, **–sog** *m.* cavitation

homogenes Glas *n.* homogeneous glass

Homogenisierung *f.* homogenization

Homogenität *f.* homogeneity

Honigglas *n.* honey jar

Hub *m.* stroke, throw, **–stapler** *m.* fork lift truck, **–tür** *f.* tweel (= tuille), counterweighted door

Hülse *f.* 1. unannealed bottle, 2. GF paper sleeve or tube

Hütte *f.* (= Glashütte) glass factory, glass works, glass house

Hüttenrauch *m.* bloom

Hufeisenflammenwanne *f.* (= U-Flammenwanne) end-port furnace, end-fired furnace, horseshoe-fired furnace

Humpen *m.* tankard

Hyalographie *f.* DEK glass etching, glass printing

hydraulische Kipp-Presse *f.* tilting hydraulic press

hydrolytisch gutes Glas *n.* neutral glass, resistance glass

hydrolytische Haltbarkeit *f.* solubility in water, **– Klasse** *f.* (German) classification of glasses in the order of their solubility in water (4 classes: glasses of No. 1 class do not dissolve in water, glasses of the following classes in increasing degrees)

Hydrolyse *f.* hydrolysis

hydrostatische Druckprüfung *f.* hydrostatic pressure test

hygroskopisch hygroscopic

Hygroskopizität *f.* hygroscopicity

Hysterese *f.* hysteresis

I

Implosion *f.* (= Einsturz bei Fernsehröhren) implosion

Imprägnierdruck *m.* carbonation pressure

imprägnieren to impregnate

indirekte Kühlung *f.* indirect cooling

Induktionsschmelze *f.* induction melting

Industrieverglasung *f.* glazing of industrial buildings

Infrarot-absorption *f.* infrared absorption, **–durchlässigkeit** *f.* infrared transmission

Inhalt *m.* content(s), capacity

inhomogen (= heterogen) inhomogeneous, heterogeneous

Inhomogenität *f.* inhomogeneity

Injektionsspritze *f.* (injection) syringe

inkrustiertes Glas *n.* DEK incrusted glass

Innenbund *m.* SP curb

Innendruck-festigkeit *f.* internal pressure strength, bursting strength, **–prüfung** *f.* internal pressure (strength) test, bursting strength test

Innenkühlung *f.* internal cooling

Innengewindemündung *f.* internal screw finish, screw corkage finish

innere Reibung *f.* (= Viskosität) internal friction

Interferenz *f.* interference, **–mikroskop** interference microscope

Interferometer *n.* interferometer

Irisglas *n.* iridescent glass

Irisieren *n.* iridescence

irisierendes Glas *n.* iridescent glass

Isolator *m.* insulator

isolieren to insulate

Isolier-bahn *f.* GF insulating blanket, **–formstück** *n.* mo(u)lded insulation, **–mantel** *m.* insulating jacket or covering, **–masse** *f.* insulating compound, **–material** *n.* insulating material, **–matte** *f.* sewn blanket, sewn sheet, **–papier** *n.* insulating paper, **–schlauch** *m.* insulating sheath or sleeving, **–vermögen** *n.* insulating property, **–wert** *m.* insulating value, power, efficiency, coefficient, **–stein** *m.* insulating brick

Isolierung *f.* insulation

J

Jalousie *f.* venetian blind, jalousie, **–fenster** *n.* louvred (= louvered) window, louvres (= louvers)

Jenaer Glas *n.* Jena glass, heat-resisting glass(ware), oven ware

justieren 1. (= Kanten schleifen) to grind (down), finish, smoothen 2. (= Einätzen von Meßstrichen) to graduate, calibrate

Justierer *m.* graduator, calibrator

K

Kabelmantel *m.* cable sheathing

Kali-Kieselsäureglas *n.* potash silica glass

Kalisalpeter *m.* potassium nitrate, saltpeter (= saltpetre)

Kalium *n.* potassium, **–karbonat** *n.* potassium carbonate, **–nitrat** *n.* potassium nitrate

Kalk *m.* lime, **–glas** *n.* lime glass, **–kristallglas** *n.* lime crown glass, **–kronglas** *n.* s. Kalkkristallglas, **–natronglas** *n.* soda lime glass, **–spat** *m.* calcite, calc-spar, **–stein** *m.* lime(stone), **–wasser** *n.* lime water

Kalorie *f.* calorie, (metric) thermal unit

Kaltätzsalz *n.* cold etching salt

kalte Lötstelle *f.* cold junction

Kalt-malerei *f.* DEK (ohne Einbrennen) cold painting, **–reparatur** *f.* cold repair, **–riss** *m.* F crizzle, hairline

kaltschüren to block, hold(over), keep an idle furnace hot, bank a furnace

Kaltsprung *m.* F s. Kaltriß

kalt vermachen to mud up, seal (an opening) with clay

Kalzium *n.* (= Calcium) calcium, **–silikat** *n.* calcium silicate

Kamee *f.* cameo

Kameenglas *n.* cameo glass, **–schnitt** *m.* cameo cut(ting)

Kamin *m.* chimney, stack, **–schieber** *m.* stack damper, check damper, **–temperatur** *f.* stack temperature, **–zug** *m.* stack draught (or draft), exhaust power of stack

Kamm *m.* GF reed, comb

Kammer *f.* o (= Regenerativkammer) regenerative chamber, regenerator, **–ausgitterung** *f.* (= Gitterwerk *n.*) checker (setting), regenerator packing, checkerwork, filling, **–kanal** *m.* regenerator flue, **–schlichter** *m.* s. Kammerstein, **–setzweise** *f.* regenerator setting, checker setting **–spiegel** *m.* stopping, wicket wall, clean-out panel, **–stein** *m.* checker brick, checker

Kanal *m.* channel, canal, flue, **–brennofen** *m.* tunnel kiln, **–kühlofen** *m.* annealing tunnel, (continuous) annealing lehr, **–stein** *m.* channel block

kannelierte Walze *f.* (Gußglas) fluted roller

Kanten-bearbeitung *f.* edging, **–brechen** *n.* beveling, **–politur** *f.* edge polishing, **–schleifmaschine** *f.* pencil edging machine, **–schliff** *m.* edge grinding, **–stein** *m.* corner block

Kaolin *n.* kaolin(e), china clay

Kaolinit *m.* kaolinite

Kappe *f.* o (= Gewölbe *n.*) crown, cap, arch, roof

kappen to cap

Kappenhafen *m.* closed pot, covered pot, hooded pot

Kappenstich *m.* o rise of a crown

Kapsel *f.* 1. capsule, 2. sagger

Karaffe *f.* decanter

Karborund(um) *m.* (= Siliziumkarbid *n.*) carborundum, **–scheibe** *f.* carborundum cutting wheel

Karton *m.* carton, **–klebmaschine** *f.* carton gluing machine, carton sealer

Kathedralglas *n.* cathedral glass

Kathodenstrahlröhre *f.* cathode-ray tube, electron(-beam) tube

Katralglas *n.* catral lens

Keil(ecken)schliff *m.* DEK mitre ·cut, bevel cut(ting)

Kelchglas *n.* goblet, stemware

Keramik *f.* (= als Wissenschaft) ceramics, (= als Artikel) ceramic article

keramisch gebundenes FF **Material** *n.* bonded refractories

keramische Farbe *f.* ceramic colo(u)r, enamel

Kerb(schlag)zähigkeitsprobe *f.* notched bar impact test

Kerbstelle *f.* (= Fehlstelle) (Griffith) flaw

Kette *f.* 1. chain, 2. GF warp

kettfädenstarkes Gewebe *n.* GF unidirectional fabric

Kettzahl *f.* GF end (per inch)

Kiesabbrand *m.* roasted pyrites, purple ore

Kieselgel *n.* silica gel

Kiesel-glas *n.* silica glass, fused silica, vitreous silica, **–gur** *f.* kieselguhr, diatomaceous earth, diatomite, **–säure** *f.* silica, silicic acid

Kindermilchflasche *f.* baby bottle, nursing bottle, feeding bottle

kinematische Viskosität *f.* kinematic viscosity

Kitt *m.* putty, mastic

Klar-ätzung *f.* clear etching, bright etching, **–glas** *n.* clear cathedral glass

Klebestelle *f.* F stuck ware, pluck, tear

Kleb-sand *m.* mo(u)lding sand, **–stoff** *m.* adhesive

Kleinglas *n.* small (size) glassware

Klimaanlage *f.* air conditioning plant or system

Klimatisierung *f.* air conditioning

Kniehebelpresse *f.* toggle lever press, toggle joint press

Knochenasche *f.* bone ash

Knollen *m.* F (= nicht ausgeblasene Flasche) unblown gob, bottle not fully blown-up

Knoten *m.* F knot

Kobalt-entfärber *m.* powder blue, **–glas** *n.* cobalt glass, **–oxyd** *n.* cobalt oxide

kochfestes Glas *n.* (= feuerfestes Glas) oven glass, heat-resisting glass, cooking ware, top-of-stove ware

Kölbel oder **Kölbchen** *n.* (=Külbel) blank, parison

Königswasser *n.* aqua regia

Kohleform *f.* graphite-lined mo(u)ld, carbon-lined mo(u)ld, paste mo(u)ld

Kohlegelbglas *n.* (carbon) sulphur (= sulfur) amber glass

Kohlen-dioxyd *n.* carbon dioxide, **–monoxyd** *n.* carbon monoxide, **–wasserstoffe** *m.* pl. hydrocarbons

Koksofengas *n.* coke oven gas

Kolben *m.* 1. plunger, piston, ram, 2. (conical) flask, bulb

Kollergang *m.* pan grinder, edge mill, pug mill

kolloidale Kieselsäure *f.* colloidal silica

Kolorimeter *n.* colo(u)r comparator

Kolorimetrie *f.* colo(u)rimetry

Kompensationsplatte *f.* tint plate

kompensierter Zwirn *m* GF balanced yarn

Kompositionsglas *n.* paste (for jewellery)

Kompressor *m.* (air) compressor

Kondensat *n.* condensate

Kondensation *f.* condensation

Kondensorlinie *f.* condenser lens

Kondenswasser *n.* water of condensation, condensed water

Konizität *f.* taper, draught (= draft)

Konservenglas *n.* preserving jar, home canning jar, **-deckel** *m.* lid (of jar), **-öffner** *m.* opener for jar, jar opener

Kontakt-harz *n.* GVK contact resin, low-pressure resin, **-winkel** *m.* contact angle

kontinuierliche Schleifanlage *f.* continuous grinder

kontinuierliches Fließverfahren *n.* continuous casting or rolling process, Pilkington process

kontinuierlich schmelzende Wanne *f.* continuous tank furnace

Kontinü-verfahren (= Dauerwalzverfahren) *n.* continuous rolling process, **-wanne** *f.* s. kontinuierlich schmelzende Wanne

Konusspule *f.* GF cone

Konvektion *f.* convection

Konvektions-kühlung *f.* convection cooling, **-strömung** *f.* convection current, **-verlust** *m.* convection loss

Kopaibabalsam *m.* oil of copaiba, copaiba oil

Kopfform *f.* neck ring

Kopier-drehbank *f.* duplicating lathe, **-fräsmaschine** *f.* profiling machine, duplicating milling machine, **-leiste** *f.* duplicating template, mo(u)ld template

Korb-flasche *f.* carboy in wicker basket, **-geflechtsetzweise** *f.* O basket weave (checker) setting

Kordel *f.* GF cord

Kordierit *m.* MIN cordierite

Kork *m.* cork, **-einlage** *f.* cork liner

Korken *m.* cork stopper, cork closure

Korkpolierscheibe *f.* cork polishing wheel

Korngröße *f.* grain size

koronisieren GF to coronize

Korrosion *f.* corrosion

Korund *m.* MIN corundum, **-scheibe** *f.* corundum wheel

kosmetische Erzeugnisse *n.* pl. cosmetics, cosmetic products, toilet preparations, toiletries

Kracken *n.* cracking

Kraft-papier *n.* Kraft paper, **-versorgungsanlage** *f.* power supply plant, power services

Kragstein *m.* corbel

krakeliertes Glas *n.* crackled glass (ware)

Kranz *m.* O ring, crown

Kratzer *m.* F (cat) scratch

kratzfest scratch-resistant, resistant to scratching

Kratzfestigkeit *f.* scratch resistance

kräuseln GF to crimp, curl

Kreisblattschreiber *m.* circular chart recorder

Krempel *f.* GF card

krempeln to card

Kriechpunkt *m.* creep point

Kristall *m.* crystal, **-bildung** *f.* formation of crystals, crystallization, **-chemie** *f.* crystal chemistry, **-gitter** *n.* lattice of a crystal, **-glas** *n.* crystal glass, rock crystal

Kristallisationskeim *m.* nucleus (of a crystal), **-bildung** *f.* formation of nuclei

Kristallisierschale *f.* crystallizing dish

Kristallographie *f.* crystallography

Kristall-preßglas *n.* pressed crystal ware, **–spiegelglas** *n.* polished plate glass, **–struktur** *f.* crystal structure, **–wachstum** *n.* crystal growth

Krösel *m.* pl. coarse glass powder, frost

Kronflint(glas) *n.* crown flint (glass), lead crown (glass)

Kronglas *n.* crown (optical) glass

Kronkork *m.* crown cork, **–mündung** *f.* crown cork finish, **–verschluß** *m.* crown cap

Kronleuchterbehang *m.* (chandelier) drops

Krümmung *f.* curvature, crimp (of fabrics), bow

Krug *m.* jug, mug

krummer Flaschenhals *m.* F bent neck

Kryolith *m.* cryolite

Kübelaufzug *m.* skip hoist

Kühl-bereich *m.* annealing range, **–bruch** *m.* breakage in the lehr, lehr breakage, **–düse** *f.* wind nozzle, cooling nozzle

kühlen 1. to cool, refrigerate, 2. to anneal, compact (for highest refractive index)

Kühl-falten *f.* pl. F chill marks, settle marks, **–kanal** *m.* cooling channel, **–luft** *f.* cooling wind, cooling air, **–luftdüse** *f.* cooling wind nozzle, ware finish nozzle, **–mittel** *n.* coolant, **–ofen** *m.* annealing lehr (= leer), **–ofenband** *n.* lehr mat, conveyor, lehr belt, **–ofenbeschicker** *m.* lehr loader, stacker, – – **mit Greifer** tong stacker, – – **mit Schubleiste** push bar stacker, **–ofenbeschlag** *m.* bloom, **–ofeneinträger** *m.* s. Kühlofenbeschicker, **–ofenwärter** *m.* lehr operator,

lehr attendant, lehr man, **–raumisolierung** *f.* GF insulation for cold storage rooms or freezer rooms, **–schlange** *f.* cooling spiral or coil, **–schrankisolierung** *f.* GF refrigerator insulation, **–tunnel** *m.* s. Kühlofen, **–wasserbehälter** *m.* O waterbox

Külbel *n.* (= Kölbel, Kelbel) blank, parison, **–macher** *m.* (= Motzer) marverer

künstliche Luftumwälzung *f.* forced (re)circulation of air

künstlicher Zug *m.* forced draft

Kugelfall-probe *f.* drop ball test, **–rohr** *n.* GF marble feed system, **–verfahren** *n.* falling ball method, drop ball test

Kugel-maschine *f.* GF marble machine, **–mühle** *f.* ball mill, pebble mill

Kugeln *n.* DEK cutting on vertical wheels

kugelsicheres Glas *n.* bullet-resisting glass, bullet-proof glass

Kugel-schliff *m.* decorative cut(ting), **–thermometer** *n.* bulb thermometer, **–ventil** *n.* ball check valve, **–verschlußflasche** *f.* bottle with ball stopper

Kuglerzeug *n.* DEK cutter's lathe

Kunst-glas *n.* art glass, artistic glass(ware), **–harz** *n.* (synthetic) resin, plastic (material), **–stoff** *m.* plastic (material), – **–schichtkörper** *m.* laminated plastic article or body

kunststoffüberzogene Flasche *f.* plastic coated bottle

Kunststoffverstärkung *f.* reinforcement of plastics

Kupfer *n.* copper, **–beize** (= -ätze, -lasur, -Rotbeize) *f.* copper stain, red stain, ruby stain

Kupfer-oxyd *n.* copper oxide, cupric oxide, **-oxydul** *n.* cuprous oxide

kupferplattieren to copperplate

Kupferrädchen *n.* DEK copper disk, copper wheel

Kuppe *f.* (= Gewölbe *n.*) O crown, roof, arch, cap

Kupplung *f.* coupling, clutch

Kurve *f.* 1. curve, bend, bow, diagram, graph, 2. cam

Kurven-scheibe *f.* cam, **-rolle** *f.* cam follower, cam roll, **-welle** *f.* cam shaft

kurzes Glas *n.* (= schnell erstarrend) short glass, quick-setting glass

Kurzflint(glas) *n.* short flint(glass), telescope flint (glass)

Kurzschluß-Strömung *f.* channeling

Kurzzeitversuch *m.* short period test, accelerated test

Kutterolf *m.* (= Angster) mediaeval bottle with several twisted necks used as drinking vessel

L

Laboratorium *n.* laboratory

Laboratoriums-glas *n.* laboratory glass, **-ofen** *m.* laboratory furnace, **-versuch** *m.* laboratory test or experiment

Lack *m.* lacquer, varnish

Länge *f.* length

Längs-schub *m.* longitudinal shear, **-strömung** *f.* longitudinal flow

Längung *f.* (des Külbels) elongation (of parison)

Lager *n.* 1. warehouse, stock, deposit, 2. bearing, **-bestand** *m.* stocks, inventory, **-halle** *f.* warehouse, **-maße** *n.* pl. (bei Flachglas) stock sizes, standard sizes, **-tank** *m.* storage tank

Lagerung *f.* storage, warehousing

Lambda-Viertelplättchen *n.* quarter-wave plate

Lamellen *f.* pl. louvres (= louvers), **-fenster** *n.* louvrered (= louvered) window, glass jalousie (window)

Laminat *n.* laminate

Lampen-arbeit *f.* lamp working, bench working, **-bläser** *m.* lamp worker, bench worker, **-bläserei** *f.* s. Lampenarbeit

lampengeblasenes Glas *n.* lamp-worked glass(ware)

Lampen-ruß *m.* lamp black, **-schirm** *m.* lampshade, **-zylinder** *m.* glass chimney, lamp chimney

langes Glas *n.* (= langsam erstarrend) long glass, slow-setting glass, „sweet" glass

Langlochdüse *f.* GF bushing with oblong holes

Langzeitversuch *m.* long period test

Lanthan-flint(glas) *n.* lanthanum flint (glass), **-kron(glas)** *n.* lanthanum crown (glass)

Lasurfarbe *f.* stain

Läufer *m.* muller, pestle

„Laufmaschen" *f.* pl. (auch „Reißverschluß" bei Drahtglas) F feather

Laufrahmen *m.* travel(l)ing frame

Läutermittel *n.* (re)fining agent

läutern to (re)fine, plain

Läuter(schür)eisen *n.* plugging rod

Läuterung *f.* (re)fining, plaining

Läuter-wanne *f.* refiner, refining tank, refining zone or end, **-zone** *f.* refining zone

Lavaglas *n.* lava glass

Lavendelöl *n.* lavender oil

Lebensdauer *f.* (working) life, service life, working service

Leer-laufverbrauch *m.* (des Ofens) (= Leerwert) idle heat load, holding heat, **–stelle** *f.* (im Kristallgitter) Schottky defect, **–takt** *m.* idle stroke

leichte Soda *f.* light soda (ash)

Leicht-flasche *f.* light weight bottle, **–flint(glas)** *n.* light flint (glass), **–gravur** *f.* light engraving, surface engraving

Leihflasche *f.* (= Pfandflasche) returnable bottle, deposit-type bottle, multi-trip bottle

Leinöl *n.* DEK linseed oil

Leistung *f.* output, capacity, power, performance

Leistungsfaktor *m.* power factor

Leiter *m.* conductor, lead

Leitfähigkeit *f.* conductance, conductivity

Leitung *f.* 1. conduction, transmission, 2. pipe line, duct(ing), main, conduit, lead, line, 3. management, direction

Leitweg *m.* conducting path

Leucht-bake *f.* beacon, **–dichte** *f.* luminance, brightness, brilliance or brilliancy, visual efficiency

Leuchte *f.* lamp, lighting fixture

leuchtende Flamme *f.* luminous flame

Leucht-schaltbild *n.* luminous indicator panel, **–stoffröhre** *f.* luminescent tube

Leydener Flasche *f.* Leyden jar

Licht *n.* light, **–bogenofen** *m.* (electric) arc furnace, **–brechung** *f.* refraction of light, light refraction, **–brechungsvermögen** *n.* refractivity, **–durchlässigkeit** *f.* light transmission, **–empfindliches Glas** *n.* photosensitive glass

lichte Mündungsweite *f.* bore, opening dimension, **– Weite** *f.* inside diameter, inner width

lichtgrünes Glas *n.* Georgia green glass

Licht-quelle *f.* light source, luminous source, **–strahl** *m.* beam of light, light ray

lichtstreuendes Glas *n.* light-diffusing glass

Lichtstreuung *f.* light diffusion

liegende Regenerativkammer *f.* o horizontal regenerator, cross-flow regenerator

Likörflasche *f.* liqueur bottle

Limonadenflasche *f.* lemonade bottle, „pop bottle"

Linien-ätzung *f.* linear etching, line etching, **–technik** *f.* DEK line cutting technique, linear decoration

Linse *f.* lens, objective glass

Linsen-abweichung *f.* aberration of a lens, **–fassung** *f.* lens mount, lens barrel, **–folge** *f.* lens combination, lens system, set or assembly of lenses, **–glas** *n.* optical glass, **–preßling** *m.* lens blank, **–satz** *m.* set, system or assembly of lenses, lens combination, compound lenses, **–spiegel** *m.* lens mirror, **–träger** *m.* lens holder, **–trübung** *f.* clouding or opacity of a lens

Lippe *f.* (einer Flasche) lip

lippen (= gaufrieren) DEK to crimp, gauffer (= goffer)

Lippenrisse *m.* pl. F split finish

Liquidustemperatur *f.* liquidus temperature

Lithium-glas *n.* lithium glass, **–oxyd** *n.* lithium oxide

Littleton-Punkt *m.* Littleton point, softening point ($10^{7.65}$ poise)

Loch-blech *n*. GF perforated sheet, **–kartensystem** *n*. punched card system, **–mündung** *f*. finish for mechanical closures, lever or swing stopper finish, **–zange** *f*. GF punch pliers, die

Log-Viskosität *f*. log viscosity

löschen (einen Ofen) to shut down (a furnace)

löslich soluble

Löslichkeitseffekt *m*. solubility effect

Lösung *f*. solution

Lösungsmittel *n*. solvent, vehicle

Löt-glas *n*. sealing glass, **–metall** *n*. solder, **–stelle** *f*. (am Thermoelement) junction, thermojunction, **–wasser** *n*. soldering flux or fluid

Los *n*. (Qualitätskontrolle) lot

lose Wolle *f*. GF unbonded wool, raw wool

Lüftung *f*. ventilation

Lüster *m*. DEK lustre (= luster), **–farben** *f*. pl. DEK lustre colo(u)rs **–gläser** *n*. pl. lustre glasses

Luft *f*. air, atmosphere, **–absauger** *m*. suction ventilator, suction fan, **–ansaugrohr** *n*. air intake, **–anschluß** *m*. fitting, pipe connection, **–abschreckung** *f*. air quenching, **–antrieb** *m*. air drive, **–austritt** *m*. air exhaust, air exit (hole), **–blase** *f*. F air bubble, air bell

luftdicht verschlossen hermetically sealed

luftdichter Verschluß *m*. air-tight joint or seal, hermetic seal

Luft-durchflußmenge *f*. rate of air flow, **–durchsatz** *m*. s. Luftdurchflußmenge, **–filter** *n*. air filter, **–filterung** *f*. air filtration, **–hahn** *m*. air cock, **–kammer** *f*. air chamber, air regenerator, **–klappe** *f*. air control butterfly, butterfly damper, **–kontrollventil** *n*. air control valve, **–kühlung** *f*. air cooling, cooling by air, **–regler** *m*. air regulator, **–schacht** *m*. (am Brenner) air uptake, **–sicherheitsventil** *n*. air relief valve, **–überschuß** *m*. excess of air, excessive air, **–umwälz(kühl)-ofen** *m*. (re)circulating air lehr, **–vorwärmung** *f*. preheating of air, **–wechselkanal** *m*. air regenerator flue, **–wechselklappe** *f*. reversing clapper, **–wechseltrommel** *f*. reversing drum, **–zwischenraum** *m*. air space

Lunker *m*. FF (font) cavity, shrink hole, **–bildung** *f*. cavitation

Lunte *f*. GF sliver, single end thread, stock

Luxusglas *n*. fancy glass(ware), luxury glass(ware)

M

MD (= mittlere Dicke f. von Fensterglas, früher 6/4 Dicke = 2.7 — 3.0 mm) sheet glass of demi-double thickness

Magnesia *f*. magnesium oxide, magnesia

Magnesitstein *m*. FF magnesite brick

Magnesium *n*. magnesium **–oxyd** *n*. magnesia, magnesium oxide, **–silikat** *n*. magnesium silicate

Magnet(ab)scheider *m*. magnet separator

Magnetventil *n*. solenoid valve, magnetic valve

Mahlanlage *f*. milling plant, grinding plant, crushing mill, pulverizer

Maigelein *n.* mediaeval bowl, usually with deeply pushed punt (15th/16th century)

Mangan *n.* manganese, **–dioxyd** *n.* (oder-superoxyd = Braunstein *m.*) manganese dioxide or peroxide

Manometer *n.* pressure ga(u)ge, manometer

Manschette *f.* GF winding tube

Mantelform *f.* (für Glasbaustein-herstellung) shell

Mannkühlung *f.* man cooling, cooling of personnel

marbeln to marver, block

Marbelplatte *f.* (= Märbel- oder Wälzplatte) marver

Marmeladenglas *n.* jam jar

marmoriertes Glas *n.* variegated glass, marbled glass, ,,vasa murrhina glass‘‘

Marmormehl *n.* limestone flour, marble dust

Maschinen-glas *n.* machine made glass, **–luft** *f.* operating air

Maschinist *m.* machine operator

maskieren DEK to mask

Maskierung *f.* (etching) resist

Maß *n.* measure, dimension

Massendichte *f.* mass density, bulk density

Massivrandglas *n.* preserving jar with full ground rim

maßstäbliches Modell *n.* scale model

Materialprüfung *f.* testing of materials

Matrize *f.* die, matrix

matt mat (= matt(e)), frosted, obscured

Mattätze *f.* (oder -ätzung) frosting, mat(te) etching

mattätzen to frost

Matte *f.* GF blanket, mattress, mat

Mattglas *n.* frosted glass, obscured glass

mattieren to frost, obscure, sandblast

mattiert s. matt

Mattsalz *n.* frosting agent

Mauseleiter *f.* F washboard, ladder

mechanische Stoßprüfung *f.* impact test, drop test, **– Werkstatt** *f.* mechanical (work)shop, maintenance shop, tool room

Medaillonfenster *n.* medallion window

Medizinflasche *f.* medicine bottle, pharmaceutical bottle, prescription bottle

Mehrfach-verglasung *f.* multiple glazing, **–zwirn** *m.* GF cabled yarn, multiple end yarn or thread

Mehrfarbendruck *m.* multi-colo(u)r print(ing), multi-colo(u)r work

Mehrformenbetrieb *m.* plural mo(u)ld operation

Mehrscheiben-Isolierglas *n.* multi-glazed window, multi-glazing unit (e. g. Thermopane)

Mehrschichten-Sicherheitsglas *n.* laminated safety glass, multi-layer laminated glass

Meister *m.* foreman

Mennige *f.* red lead, lead oxide

Meßblende *f.* orifice plate, restrictor

Messer *n.* pl. IS shears, **–berieselung** *f.* shear spray(ing), **–bügel** *m.* drop guide, **–kühlung** *f.* shear cooling, **–narbe** *f.* shear mark (for flow machines), cut-off (for suction machines), **–sprüh-düse** *f.* shear spray nozzle, **–trägerwinkel** *m.* shear shank

Meß-gefäß *n.* graduated vessel, volumetric glass container, **–genauigkeit** *f.* accuracy of measurement

Messingverglasung *f.* brass framing

Meß-instrument *n.* measuring instrument or device, **–kolben** *m.* graduated flask, **–punkt** *m.* measuring point, reference point, **–schreiber** *m.* (continuous chart) recorder, **–stelle** *f.* measuring point, **–stellenumschalter** *m.* selector switch, **–uhr** *f.* dial indicator, **–wert** *m.* result of measurement or test, test result, reading, **–zelle** *f.* measuring phototube, analyzer

Metall *n.* metal, **–dekor** *n.* metallic decoration, **–folie** *f.* metal foil, **–gewebe** *n.* woven wire mesh, hardware cloth

metallische Reflexe *m.* pl. DEK metallic film decoration

Metallisierpistole *f.* metallizing gun

Metall-keramik *f.* metal ceramics, „cermets", **–niederschlag** *m.* metal deposit, **–überzug** *m.* plating, metal(lic) coat(ing)

Methan *n.* methane

metrische Nummer *f.* (= Nm) GF the number of kilometers of yarn lengths weighing 1 kilogram

Mikrometer *n.* micrometer, **–** mit Kugelspitze ball point micrometer

Mikrophotographie *f.* photomicrograph

Mikroskop *n.* microscope

Mikroskopie *f.* microscopic optics, microscopy

Mikroskopobjektiv *n.* microscope objective lens, objective

Mikroskoptisch *m.* microscopic stage

Mikroskopuntersuchung *f.* microscopic examination

Milch-flasche *f.* milk bottle, **–glas** *n.* milk glass, opal glass, pot opal, opacified glass, **–überfangglas** *n.* flashed opal (glass)

Millefiori-Glas *n.* millefiori glass, mosaic glass

Mineral-bildner *m.* mineralizer, **–faser** *f.* mineral fibre (= fiber)

Mineralogie *f.* mineralogy

Mineral-wasserflasche *f.* mineral water bottle, soda water bottle, **–wolle** *f.* mineral wool

Misch-behälter *m.* mixing tank, **–brenner** *m.* proportioning burner

Mischer *m.* mixer, **–läufer** *m.* mix muller

Misch-gewebe *n.* GF (Glasseide in der Kette, Stapelfaser im Schuß) mixed cloth, **–raum** *m.* o mixing space

Mischung *f.* mixture, blend

Mittel-brenner *m.* o eye, **–linie** *f.* centre (= center) line, **–rinne** *f.* IS trough

mittlere Steinreihe *f.* (bei Flachlagen) o middle course of tank blocks

Model *f.* block mo(u)ld, dip mo(u)ld

Modellversuch *m.* model test

Mörtel *m.* mortar, cement

Moiré-Effekt *m.* F (beim Daueretikett) moiré effect

Molekül *n.* molecule

Molybdänelektrode *f.* molybdenum electrode

Mond-glas *n.* (veraltetes Fensterglasverfahren) crown glass, **–steinglas** *n.* moonstone glass

Mosaikglas *n.* mosaic glass

Motz *m.* (= Külbel *n.*) blank, parison

Motze *f.* block mo(u)ld

motzen to block, marver

Motzer *m.* marverer

Mündung *f.* finish, mouth

Mündungs-falten *f*. pl. F lines over finish, finish lines, hairline(s), hairline marks, **–fehler** *m*. defects of the finish, finish defects or flaws, **–form** *f*. neck ring, **–lehre** *f*. cap ga(u)ge, **–öffnung** *f*. bore, throat, **–rand** *m*. lip, **–ring** *m*. locking ring, **–risse** *m*. pl. F split finish, cracks on finish, finish checks, **–träger** *m*. IS neck ring holder, **–zubehörteil** *n*. fitment

Muffel *f*. muffle, **–(kühl)ofen** *m*. muffle lehr

Mullit *m*. MIN mullite, **–stein** *m*. mullite block

mundgeblasenes Glas *n*. hand-made glass, hand-blown glass, mouth-blown glass

Musivarbeit *f*. mosaic work

Musselinglas *n*. DEK frosted sheet glass (obtained by etching or application of white enamel powder)

Muster *n*. sample

N

Nabel MB *m*. moil, pontil or punty mark

nachblasen to puff

Nachhärtung *f*. GVK post-cure

nach-kühlen to reanneal, **–schäumen** to reboil, **–sortieren** to re-select, reinspect, resort

Nachsortierung *f*. reselection, re-inspection, resorting

Nadelventil *n*. needle valve

nahes Infrarot *n*. near infrared

Naht *f*. seam

Nasenstein *m*. O tuckstone, packing block

Naß-farbe *f*. cold colo(u)r, wet colo(u)r, conventional colo(u)r, **–festigkeit** *f*. wet strength re-

tention, **–Schichtverfahren** *n*. GVK wet laminating process

Natrium *n*. sodium, **–alginat** *n*. sodium alginate, **–dampflampe** *f*. sodium vapo(u)r lamp, **–disilikat** *n*. MIN sodium disilicate, **–hydroxyd** *n*. sodium hydroxide, caustic soda, **–karbonat** *n*. soda ash, sodium carbonate, **–Kieselsäureglas** *n*. sodium silica glass, **–metasilikat** *n*. MIN sodium metasilicate, **–oxyd** *n*. sodium oxide, **–silikat** *n*. (= Wasserglas) sodium silicate, water glass, **–sulfat** *n*. sodium sulphate (= sulfate), salt cake

Natron-glas *n*. soda glass, **–salpeter** *m*. (soda) nitre (= niter), sodium nitrate

Naturgas *n*. natural gas

Nenn-inhalt *m*. capacity at filling point, effective capacity, **–leistung** *f*. rated capacity

Neodym *n*. neodymium, **–oxyd** *n*. neodymium oxide

Neonröhre *f*. neon tube

Nephelin *m*. MIN nephelite, nepheline, **–würmer** *m*. pl. F nephelite worms

Nettoproduktion *f*. good ware, pack

Netz-glas *n*. lace glass, **–mittel** *n*. wetting agent

Netz(werk) *n*. network, lattice, **–bildner** *m*. network forming element, **–wandler** *m*. network modifier or modifying ion

Neutralglas *n*. neutral (tinted) glass

Neutronenschutzglas *n*. neutron absorbing glass

Newtonsche Ringe *m*. pl. Newton's rings

nicht ausgeblasene Mündung *f*. F unfilled finish, low finish

Nickel *n.* nickel, **–oxyd** *n.* nickel oxide

Nicol *n.* nicol, **–'sches Prisma** *n.* nicol prism

Nieder-druckpreßverfahren *n.* GVK contact mo(u)lding, **–schlag** *m.* sediment, deposit, precipitation

niedrige Regenerativkammer *f.* O port riser

niedriger Nocken *m.* IS O-button, "on" button

Niob(ium)oxyd *n.* columbium oxide

Nippel *m.* GF tip, **–prägung** *f.* tip extrusion

Nivellierschraube *f.* leveling screw

Nocken *m.* (der Schaltwalze IS) button, (trip) stud, valve operating stud, **–scheibe** *f.* cam (plate or disk = disc)

Nörpelung *f.* knurl

Nomogramm *n.* nomogram, nomograph

Nonius *m.* vernier, **–skala** *f.* vernier scale

Norm *f.* standard, **–abweichung** *f.* standard deviation

Normung *f.* standardization

Notsignalanlage *f.* alarm station

Nuppendekor *n.* prunt decoration

Nutzwärme *f.* useful heat, net heat

O

Oberbandmündung *f.* variety of cork(stopper) finish

Oberbau *m.* O superstructure, overhead structure, **–-Seitenwand** *f.* O breast wall, superstructure side wall, casing wall

obere Kontrollgrenze *f.* upper control limit

obere Kühltemperatur *f.* (oder **-punkt** *m.*) (bei $10^{13.4}$ poise) annealing point

oberer Heizwert *m.* gross calorific value, gross heating value

Oberfläche *f.* surface (area)

Oberflächen-blase *f.* F skin blister, **–chemie** *f.* surface chemistry, **–matte** *f.* GF surfacing mat, overlay mat, **–riß** *m.* F (surface) check, smear, skin crack, **–spannung** *f.* surface tension, **–strahlung** *f.* radiation from the surface, **–strömung** *f.* surface currents, **–widerstand** *m.* surface resistivity

Oberlicht *n.* skylight, clerestory window (= clearstory window)

Oberofen *m.* O superstructure, overhead structure

Objektiv *n.* objective, object glass, lens, **–fassung** *f.* lens attachment, objective or lens mount or barrel, **–höhe** *f.* height of lens or objective, **–knotenpunkt** *m.* node, nodal point of lens, **–lichtstärke** *f.* speed of a lens, **–linse** *f.* objective lens, **–öffnung** *f.* object glass aperture, lens aperture, **–ring** *m.* object glass collar, lens ring or adapter, **–satz** *m.* set of object glasses, set of lenses, lens combination, **–träger** *m.* object glass carrier, lens carrier, optical flat

Objektträger *m.* slide, object slide, mount

Obsidian(glas) *m.* (*n.*) obsidian, vitreous lava, volcanic glass

Ocker *m.* ochre

Öffnungsring *m.* SP orifice ring, bush

Öl *n.* oil, fuel oil, **–bad** *n.* oil bath, oil well

ölbeheizter Ofen *m.* oil-fired furnace

Öl-brenner *m.* oil burner, **–büchse** *f.* oiler, **–feuerung** *f.* oil firing, **–filter** *n.* oil filter or strainer, **–fleck** *m.* F oil mark, oil line, **–heizung** *f.* s. Ölfeuerung, **–mischbrenner** *m.* proportioning oil burner, **–pfanne** *f.* oil sump or pan, **–pumpe** *f.* oil pump, **–schmierer** *m.* F s. Ölfleck, **–topf** *m.* oil well, oil reservoir

Ölung *f.* oiling, lubrication

Ölwanne *f.* s. Ölpfanne

Ofen *m.* 1. furnace (= Schmelzofen), 2. oven (= Trockenofen), 3. lehr (= Kühl- bzw. Einbrennofen), 4. kiln (= keram. Brennofen), **–atmosphäre** *f.* furnace atmosphere, **–auskleidung** *f.* (= -ausmauerung) furnace lining, **–bau** *m.* furnace construction, furnace building, **–belastung** *f.* furnace load, **–betrieb** *m.* furnace operation, **–druck** *m.* furnace pressure, **–durchsatz** *m.* furnace pull, output, throughput, **–führung** *f.* furnace operation, furnace control, **–gewölbe** *n.* crown, cap, arch, roof (of furnace), **–isolierung** *f.* furnace insulation, **–kanal** *m.* furnace flue, **–leistung** *f.* output of a furnace, furnace performance, **–raum** *m.* furnace chamber, combustion chamber, **–reise** *f.* furnace campaign or run, **–rost** *m.* furnace grate, bed steel, **–sohle** *f.* furnace bottom, floor, siege, seat, **–temperatur** *f.* furnace temperature, **–wärter** *m.* furnace operator, teaser, founder **–wirkungsgrad** *m.* furnace efficiency, **–zug** *m.* 1. furnace draught (= draft), 2. flue (= Kanal)

offener Hafen *m.* open pot

Okular *n.* eyepiece

opakes Glas *n.* opaque glass

Opalglas *n.* (white) opal glass, opalescent glass

Optik *f.* optical system, optics

optisches Boratflintglas *n.* optical borate flint glass, **– Flintglas** *n.* optical flint glass, **– Glas** *n.* optical glass, **– Kronglas** *n.* optical crown glass, **– Pyrometer** *n.* optical pyrometer, **– Zinkkronglas** *n.* optical zinc crown glass

optische Temperaturmessung *f.* optical temperature measurement or reading

optisch geblasenes Glas *n.* DEK optical glass

Ornamentglas *n.* figured (rolled) glass, patterned glass

Orthoklas *m.* MIN orthoclase

Ovalität *f.* F ovality, out-of-roundness

Owens-Verfahren *n.* Owens process

oxydations-beständiger Stahl *m.* stainless steel, **–hemmendes Mittel** *n.* antioxidant

Oxydations-mittel *n.* oxidizing agent, oxidizer, **–potential** *n.* oxidation potential

Oxydfarben *f. pl.* oxide colo(u)rs

oxydierende Flamme *f.* oxidizing flame

P

Packung *f.* (der Regenerativkammern) O checker (setting), regenerator packing, checkerwork, filling

Paddel *n.* shaping block

Palette *f.* pallet

Palisaden-bauweise *f.* O full-depth construction, **–stein** *m.* palisade block, full-depth block, „soldier block"

Pantograph *m.* DEK pantograph

pantoskopisches Glas *n.* pantoscopic lens, wide-angle lens

Panzerglas *n.* bulletproof glass

Papp-karton *m.* paperboard carton, cardboard carton or box, **–manschette** *f.* GF paper tube, winding tube, paper sleeve, **–scheibe** *f.* (als Milchflaschenverschluß) cardboard disk, paperboard disk (or disc)

Parabolspiegel *m.* parabolic mirror or reflector

Parfümflasche *f.* perfume bottle

Passglas *n.* HIST cylindrical vessel, banded glass (18th cty.)

Passung *f.* fit

Paste *f.* (= Glaspaste) glass paste

pasteurisieren to pasteurize

Patina *f.* tarnish

Pechpolitur *f.* pitch polishing

Pegel *m.* plunger, tip, **–büchse** *f.* IS thimble, **–klammer** *f.* plunger split ring, clamp sleeve, **–kühlung** *f.* plunger cooling, **–platte** *f.* plunger plate, **–schneider** *m.* F choke, choked neck

Periklas *m.* MIN periclase, **–stein** *m.* FF periclase brick

Peritektikum *n.* peritectic

Perle *f.* bead

Perlen *f. pl.* GF F shot, slugs, drops, **–gehalt** *m.* GF shot contents

Perlit *m.* pe(a)rlite

Perlmutterglanzglas *n.* mother-of-pearl (satin) glass, pearl satinglass, pearl ware

Pfandflasche *f.* returnable bottle, deposit bottle, multi-trip bottle

Pfeife *f.* 1. blowpipe, blowing iron (= Glasmacherpfeife), 2. mandrel (Danner-Verfahren)

Pfeilhöhe *f.* O spring of arch, height of arch, height of curve

pflegen (= eintragen) to take in, carry in, load or charge the lehr

Pfleger *m.* taker-in, lehr loader

Pfosten *m.* upright, column, jamb, post

Phasen-diagramm *n.* phase diagram, **–gleichgewichtsdiagramm** *n.* phase-equilibrium diagram

Phenol-formaldehyd *n.* phenol formaldehyde, **–harz** *n.* GF phenolic resin

Phonolith *m.* MIN phonolite

Phosphat-glas *n.* phosphate glass, **–kronglas** *n.* phosphate crown glass

Phosphoreszenz *f.* phosphorescence

Photo-ätzglas *n.* photochemical glass, **–ätzung** *f.* DEK photo-etching, photo engraving, **–zelle** *f.* photo-electric cell, phototube, photocell

Pinksalz *n.* pink salt, ammonium stannic chloride

Pipette *f.* pipette

Piqure *f.* F dig, pit

Plätteisen *n.* MB battledore

planparallele Glasplatte *f.* plane parallel glass plate, planimetric glass slab

Platin *n.* platinum, **–-Rhodiumlegierung** *f.* platinum-rhodium alloy

Platte *f.* board, plate, panel, slab, tile, sheet

Plattenband *n.* flight conveyor, plate, slat or platform conveyor

Plattierbad *n.* plating bath

Plattierung *f.* plating

Plexiglas *n.* (Warenzeichen von Röhm & Haas für einen durchsichtigen Kunststoff = Akrylharz) plexiglas

Plunger *m.* SP needle, plunger, **–brücke** *f.* plunger carrier, **–hub** *m.* stroke of plunger, plunger stroke, **–kurve** *f.* plunger cam, **–träger** *m.* plunger holder

pneumatische Förderanlage *f.* pneumatic conveyor system

Pokal *m.* goblet, cup

Polarisation *f.* polarization

Polarisations-ebene *f.* plane of polarization, **–folie** *f.* polaroid sheet, polarizing film, **–glas** *n.* polarized glass, polarizing glass, **–mikroskop** *n.* polarizing microscope, **–prisma** *n.* polarizer

Polarisator *m.* polarizer

polarisiertes Glas *n.* polarized glass, **– Licht** *n.* polarized light

Polariskop *n.* polariscope

Polieranlage *f.* polishing line or plant

polieren to polish, buff, burnish, lap

Polierer *m.* polisher

Polier-filz *m.* polishing felt, **–furche** *f.* F polishing mark, **–gold** *n.* DEK burnished gold, **–hobel** *m.* polisher, **–kette** *f.* F block reek or rake, sleek, cullet cut, **–kratzer** *m.* F cullet cut, block reek or rake, sleek, **–krone** *f.* spider, **–maschine** *f.* polishing machine, lapping machine, **–rad** *n.* lap, **–rot** *n.* (polishing) rouge, **–sand** *m.* burnish sand, **–scheibe** *f.* polishing wheel, **–schlamm** *m.* sand-and-water mud, **–silber** *n.* DEK burnished silver, **–stein** *m.* polishing block, **–tisch** *m.* laying table

Polikette *f.* F s. Polierkette

Polyäthylenflasche *f.* polyethylene bottle, squeeze bottle

Polyesterharz *n.* polyester resin

Polymerisation *f.* polymerization

Ponyband *n.* small conveyor (especially to connect bottle delivery chute with uprighting conveyor on Owens Machines)

Poren *f.* pl. F pin-holes, **–bildung** *f.* F pinholing

Porosität *f.* porosity

Porzellan *n.* porcelain, **–email** *n.* porcelain enamel, **–erde** *f.* kaolinite, **–knopf** *m.* (für Verschlüsse) porcelain knob

Posten *m.* gob, gather, **–speiser** *m.* gob feeder

Potentiometer *n.* potentiometer

Pottasche *f.* potash, pearl ash, potassium carbonate

Prägewalze *f.* (für Gußglas) patterned roller

Prägung *f.* embossing, embossed pattern

Präparat *n.* preparation

Preß-Blasemaschine *f.* press-and-blow machine, **––Blaseverfahren** *n.* press-and-blow process

Presse *f.* 1. press, 2. curing oven (for glass wool board)

pressen to press, squeeze, compress, extrude, briquette

Preß-form *f.* press mo(u)ld, **–glas** *n.* pressed glass(ware), **–grat** *m.* fin, flash, **–hohlglas** *n.* pressed hollow glass(ware), pressed container glass(ware), **–ling** *m.* (optical) blank, pressing, **–linse** *f.* s. Preßling, **–luft** *f.* (compressed) air, **–narbe** *f.* F chill mark, **–riß** *m.* pressure check, **–runzel** *f.* F s. Preßnarbe, **–stempel** *m.* plunger

Primärfaser *f.* CF primary fibre (= fiber)

Prisma *n.* prism

Prisme *f.* prismatic block, prism

Prismen-fernrohr *n.* prismatic telescope, **–glas** *n.* prismatic glass, **–scheibe** *f.* lens panel, **–stein** *m.* s. Prisme

Probe *f.* 1. test, experiment, trial, 2. sample, specimen

Proben-nahme *f.* sampling, **–schmelze** *f.* trial melt(ing operation), **–schmelzofen** *m.* trial (melting) furnace, experimental furnace, laboratory furnace, test furnace

Produktion *f.* production, yield, output

Produktions-leistung *f.* productive capacity, production rate, **–programm** *n.* production program(me) or schedule, **–verfahren** *n.* production method, production process, **–störung** *f.* production holdup, or breakdown, difficulty or trouble in production

Profilprojektor *m.* shadowgraph

Prüf-apparat *m.* testing apparatus, **–druck** *m.* test pressure

prüfen to test, examine, inspect, try, check, control

Prüf-flamme *f.* pilot light, **–gerät** *n.* testing apparatus, tester, **–glas** *n.* inspection glass, sight glass, ga(u)ge glass, **–lampe** *f.* inspection light, reject light, **–lehre** *f.* ga(u)ge, **–methode** *f.* test method, **–stück** *n.* test specimen, test piece

Prüfung *f.* test(ing), experiment, trial, check(ing), examination

Prüf-verfahren *n.* s. Prüfmethode, **–werkzeug** *n.* ga(u)ge, aligning fixture

Pseudowollastonit *m.* MIN pseudowollastonite

pülvern (= bülwern) to block, boil-up, pole

Pufferung *f.* cushioning

Puffer-ventil *n.* cushioning valve, **–zylinder** *m.* cushion(ing) cylinder

Pumpe *f.* pump

Pump-rohr *n.* (der Glühlampe) exhaust tube, **–stutzen** *m.* (der Elektronenröhre) tip

Punkt *m.* point, dot, stipple, spot

punktgeschweißtes Drahtgewebe *n.* spot-welded wire mesh

Punktmuster *n.* dotting, stippling

punktschweißen to spot-weld

Pyrometer *n.* pyrometer, **–schutzrohr** *n.* pyrometer protecting tube

Pyrometrie *f.* pyrometry

Q

Qualität *f.* quality

Qualitätsüberwachung *f.* quality control

qualitative Analyse *f.* qualitative analysis

quantitative Analyse *f.* quantitative analysis

Quarz *m.* quartz

quarzartig quartz-like

Quarz-faden *m.* quartz fibre (= fiber) or filament, **–fluorit-achromatlinse** *f.* achromatic quartz fluorite lens, **–glas** *n.* fused quartz, **–gut** *n.* fused silica

Quarzit *m.* quartzite

Quarz-kristall *m.* quartz crystal, rock crystal, **–lampe** *f.* quartz lamp, **-mehl** *n.* silica flour, **–sand** *m.* quartz sand

Quecksilber *n.* mercury, quicksilver, **—amalgam** *n.* mercury alloy, **—dampflampe** *f.* mercury vapo(u)r lamp, **—glas** *n.* mercury glass, **—oxyd** *n.* mercury oxide, **—wasserstoff-Pyrometer** *n.* mercury hydrogen pyrometer

Quellpunkt *m.* hot spot

Quer-flamme *f.* cross flame, **—flammenwanne** *f.* cross-fired furnace, side-port furnace, **—lauf** *m.* F (= Einlauf) short check, light check, **—patent-Lochmündung** *f.* finish for mechanical closures with the neckring seams at 90° to the blow mo(u)ld seams, **—schnitt** *m.* cross section, **—strömung** *f.* transverse or transversal flow, cross flow, **—transportband** *n.* cross conveyor

R

Rachenlehre *f.* snap ga(u)ge, caliper ga(u)ge

Radierung *f.* DEK (needle) etching

radioaktiver Indikator *m.* (= Leitelement *n.*) radioactive tracer, radio (active) isotope

Radioröhre *f.* radio valve or tube

Radius *m.* radius

rändern DEK to band, stripe

Ränder-scheibe *f.* DEK bandingwheel, striping wheel, **—schleifmaschine** *f.* pencil edging machine, edge smoothing machine

Rahmen *m.* frame, housing, rack

Rakel *m.* squeegee

Rampe *f.* 1. ramp, dock 2. (F) ream

Randwinkel *m.* contact angle

Raste *f.* IS latch

Raster *m.* (= F beim Daueretikett) scallop

Rauch-feuer *n.* soft fire, luminous flame, **—gas** *n.* waste gas, flue gas, exit gas, exhaust gas

rauh (Polierfehler) F grey

rauhe Bruchfläche *f.* hackle marks, **— Mündung** *f.* F rough finish. sharp finish, **— Schnittkante** *f.* (bei Flachglas) rough cut, sugary cut

Rauhigkeit *f.* (eines Bruchbildes) hackle, **feine —** fine hackle, **grobe —** coarse hackle

rauh mattieren to mat "in", produce a dull finish

Rauhschliff *m.* grey cut(ting)

Raum-gewicht *n.* GF density, **—temperatur** *f.* room temperature, ambient (air) temperature

Raupen *f.* pl. (= Schweißung *f.* auf den Glaswolledüsen) crow's feet

Rautenglas *n* lozenged glass, diamond-pattern glass

Reagens *n.* reagent, **—glas** *n.* test tube

Reaktion *f.* reaction

Reaktions-fähigkeit *f.* reactivity, **—geschwindigkeit** *f.* reaction velocity, **—produkt** *n.* reaction product

reaktionsträge inert

Reaktionswärme *f.* heat of reaction

Reduktion *f.* reduction

Reduktionsmittel *n.* reducing agent

reduzierende Flamme *f.* reducing flame, carbonizing flame

reflektieren to reflect

Reflektor *m.* reflector, floodlight

reflexfreies Glas *n.* invisible glass, non-reflecting glass

Reflexion *f.* reflection (= reflexion)

Reflexionsgrad *m.* reflectance, reflectivity

Refraktion *f.* refraction

Refraktometer *n.* refractometer

Regelung *f.* control, adjustment, setting, regulation

Regenerativ-feuerung *f.* regenerative firing (system) **–kammer** *f.* o regenerative chamber, regenerator, **–ofen** *m.* regenerative furnace

Regenerator *m.* regenerator

regenerieren to regenerate, reclaim, recover

Registrierinstrument *n.* recording instrument, recorder

Regler *m.* regulator, governor, controller

Reib-kolben *m.* pestle, **–platte** *f.* ground glass slab, **–festigkeit** *f.* abrasion resistance

Reibungs-koeffizient *m.* coefficient of friction, **–verlust** *m.* friction loss

Reifelscheibe *f.* (= Ränderscheibe) banding wheel, striping wheel

Reinheit(sgrad) *f.* (*m.*) purity

Reintransmissionsgrad *m.* internal transmittance

Reisemikroskop *n.* travel(l)ing microscope

reißfest tear-resistant, resistant to tearing

Reißfestigkeit *f.* tear strength, tear resistance, breaking strength, tensile strength

Rekristallisation *f.* recrystallization

Rekuperation *f.* recuperation

Rekuperativofen *m.* recuperative furnace

Rekuperator *m.* recuperator

Relais *n.* relay

relative Dispersion *f.* nu-value, reciprocal or relative dispersion, constringence, **– Luftfeuchte** *f.* (relative) humidity

Relaxionszeit *f.* relaxation time

Relief-email *n.* relief enamel, **–glas** *n.* embossed glass

Remission(sgrad) *f.*(*m.*)(directional) reflectance, reflectivity

Reparatur *f.* repair, **–werkstatt** *f.* repair shop

reproduzierbar reproducible

Resistenz *f.* chemical stability, chemical resistance

Resonanz *f.* resonance

Restspannung *f.* residual strain

Retorte *f.* retort

reversibel reversible

Rheologie *f.* rheology

Rhodium *n.* rhodium

Riffelwalze *f.* (bei Drahtglas) fluted roller

Rillenglas *n.* preserving or home canning jar with grooved rim

Ring *m.* ring, **–klappe** *f.* SP orifice support, **–läufer** *m.* GF travel(l)er **–lehre** *f.* ring ga(u)ge, **–mauer** *f.* (am Hafenofen) breastwall, **–mündung** *f.* grooved finish for lever stopper, **–schnitt** *m.* ring section, **– –prüfung** *f.* ring section examination, **–stein** *m.* o tank block, sidewall block, **–topf** *m.* SP ring holder, orifice holder

Rinne *f.* trough, chute, channel, groove, spout

Rippenstreckmetall *n.* rib lath, expanded metal lath

Riß *m.* F split, crack, check, hairline

Rissebildung *f.* crazing, cracking

rissiger Hals *m.* F torn neck

Rockwell-Härte *f.* Rockwell hardness

Röhre *f.* 1. s. Rohr, 2. (radio) valve or tube

Röhren-glas *n.* glass tubing, **–schneidautomat** *m.* automatic tube cutter

Röhren-zieher *m.* tubedrawer, **–ziehmaschine** *f.* tube drawing machine

Röllchenbahn *f.* skate wheel conveyor

Römer *m.* roemer, rummer

Röntgen-beugungsbild *n.* X-ray diffraction pattern, **–bild** *n.* radiograph, X-ray photograph, exograph, **–diagramm** *n.* s. Röntgenbeugungsbild, **–schutzglas** *n.* X-ray absorbing glass, X-ray protective glass, X-ray shielding glass, **–spektrum** *n.* X-ray spectrum, **–strahl** *m.* X-ray beam

röntgenstrahlendurchlässiges Glas *n.* X-ray transmitting glass

Röstung *f.* roast(ing), calcination

Rötel *m.* (= Polierrot *n.*) (polishing) rouge

Roh-analyse *f.* rough analysis, approximate analysis

roher Kalkstein *m.* raw limestone

Roh-faser *f.* basic fibre (= fiber), **–gemenge** *n.* (ohne Scherben) raw batch, **–glas** *n.* rough (cast) glass, raw glass

Rohling *m.* blank, pressing

Rohr *n.* tube, pipe, duct, conduit, tubing, piping, ducting, **–gefäß** *n.* tubular container, **–(isolier)schale** *f.* GF mo(u)lded pipe insulation, rigid section, **–leitung** *f.* pipe, conduit, tubing, pipe line, manifold, piping, pipe system, **–schlange** *f.* pipe coil, **–topf** *m.* SP tube clamp, **–traverse** *f.* SP tube holder or carrier, **–umwicklung** *f.* GF tube winding, flexible sections, pipe wrap(ping)

Roh-sortierer *m.* OPT slitter, slicer, **–stoff** *m.* raw material

Rolle *f.* roll, roller, cylinder

Rollen-kühlofen *m.* roller type annealing lehr, **–ofen** *m.* roller hearth furnace

Rollfilz *m.* GF semi-rigid board

Rost *m.* 1. rust, 2. grate, screen, grid, **–feuerung** *f.* grate firing, grate fire,

rostfreier Stahl *m.* stainless steel

Rostpackung *f.* O (conventional) open setting, grid checker packing

Rotations-guß *m.* centrifugal casting, **–Viskosimeter** *n.* rotation visco(si)meter, rotating cylinder visco(si)meter, **–methode** *f.* rotating cylinder method, Margules method

Rotbeize *f.* red stain, ruby stain, copper stain

roter Glaskopf *m.* fibrous red ore, hematite iron, kidney ore, **– Polierrand** *m.* F red edge

Rotglut *f.* red heat

Rotorsegment *n.* SP rotor segment, rotating paddle

Roving *n.* GF (= Glasseidestrang *m.* mit ganz geringer Drehung) roving

Rubinglas *n.* ruby glass, cerise glass

Rück-erhitzung *f.* (= Rückerwärmung des Külbels) reheat(ing) of parison, **–federung** *f.* GF resilience (= resiliency), thickness recovery, **–stau** *m.* back pressure, **–strahler** *m.* reflector, **–wand** *f.* O end wall, gable wall

Rührer *m.* stirring rod, agitator, thimble (for optical glass)

Rührprobe *f.* stirring test

Rührschaufel *f.* stirring blade

Rührwerk *n.* stirrer, agitator

Rüsselbecher *m.* HIST claw beaker (= beaker with drawn-out trunk-like prunts) (7th—8th cty A.D)

Rüstung *f.* (= Arbeitsgruppe) shop

Rütteleinleger *m.* vibrating feeder

Rüttler *m.* vibrator, jolt-ramming machine, jolter

Runddruck *m.* wrap-around label

Runzel *f.* F wrinkle, lap

Ruß *m.* soot, black, carbon black

Rutsche *f.* chute

S

sacken to settle, sag

Sättigung *f.* 1. (Farbenlehre Munsell) chroma, purity, 2. (other colorimetric systems) saturation

Salpeter *m.* saltpetre (= saltpeter), nitre (= niter), potassium nitrate

Sammel-raum *m.* (in der Regenerativkammer) o regenerator top space, **–rohr** *n.* header

Sand *m.* sand, **–bläserei** *f.* sandblasting (shop)

sandglätten to sand

Sand-lager(stätte) *n.* (*f.*) sand deposit, **–schleifmaschine** *f.* sander, **–strahl** *m.* sand blast

sandstrahlblasen s. sandstrahlen

sandstrahlen to sand-carve, sandblast

Sandstrahlgebläse *n.* sand blasting equipment or unit

sandstrahlmattieren s. sandstrahlen

Sandtrockner *m.* sand drying equipment, sand dryer

Satinieren *n.* DEK sand blasting followed by acid etching

Sauerstoff *m.* oxygen

Saugblase-maschine *f.* suction (blowing) machine, **–verfahren** *n.* suck-and-blow process, vacuum-and-blow process

Saugbrenner *m.* aspirator burner

saugen to suck, absorb, aspirate,

Saugen *n.* suction, absorption, aspiration

Saug-fähigkeit *f.* des Schornsteins exhaust power of stack, pull of stack, **–filter** *n.* suction filter, vacuum filter, **–flasche** *f.* suction bottle, feeding bottle, **–form** *f.* blank mo(u)ld, suction mo(u)ld, **–gebläse** *n.* suction fan, exhauster, **–kammer** *f.* (= -kasten *m.*) suction box, suction chamber, **–stutzen** *m.* (einer Elektronenröhre) tip, **–zug** *m.* induced draught (= draft), forced draught, **–zuganlage** *f.* forced draught (and combustion air supply) system, induced draught system, **–zuggebläse** *n.* forced draught fan, induced draught fan, **– –** mit **Umkehrvorrichtung** reversible pitch stack fan

Saumätzung *f.* rim etching, border etching

Säure-ätzung *f.* DEK acid etching, **–beständigkeit** *f.* resistance to acids, acid resistance

säure-fest acid-resisting or resistant, acid-proof, **–mattes Glas** *n.* DEK acid-etched glass, acidfrosted glass

Säuremattierung *f.* acid etching, acid frosting

säurepolieren to acid polish

Säurepolitur *f.* acid polish(ing), chemical polish(ing), bright or clear etching

saures feuerfestes Material *n.* acid refractory material

savonnieren to grind fine, smooth, soap

Schablone *f.* stencil, plate

Schablonen-seide *f.* stencil silk, screen(ing) silk, **–ätzen** *n.* plate etching

Schacht-brenner *m.* port with vertical uptakes, port with separate flues, **–ofen** *m.* shaft or pit furnace, **–schieber** *m.* uptake damper

Schale *f.* bowl

Schall *m.* sound, noise, **–absorption** *f.* sound absorption, sound or noise deadening, **–dämmplatte** *f.* acoustical tile, acoustical board, **– – mit Lochoberfläche** perforated acoustical tile, **–dämmung** *f.* sound absorption, attenuation, noise reduction, **–dämmzahl** *f.* noise reduction coefficient, **–dämpfung** *f.* s.-dämmung, **–isolierung** *f.* acoustical insulation, sound insulation, **–schluckkoeffizient** *m.* sound absorption coefficient, **–schluckmaterial** *n.* acoustical (insulating) material, **–schluckung** *f.* sound absorption, sound deadening, noise deadening, **–schutz** *m.* s. Schalldämmung, **–stärke** *f.* sound intensity, **–welle** *f.* sound wave

Schalt-bild *n.* wiring diagram, also timing drum button setting (on IS machines), **–brett** *n.* switchboard, control panel

schalten to switch, connect, wire, operate, trip, index, shift

Schalter *m.* (circuit) breaker, contactor, switch, button

Schalt-hebel *m.* operating handle, **–pult** *n.* control desk, **–schema** *n.* s. Schaltbild, **–schrank** *m.* switch cabinet, control cabinet, **–tafel** *f.* s. Schaltbrett

Schaltung *f.* switching, wiring, connection, indexing

Schaltwalze *f.* IS timing drum

Schamotte *f.* FF grog, fireclay, **–ausfütterung** *f.* (= -mauerung) fireclay lining, **–mörtel** *m.* grog or fireclay mortar, **–stein** *m.* firebrick, clay type block, alumina-silica block

scharfe Flamme *f.* sharp fire

Schattenwand *f.* o shadow wall, baffle wall, curtainwall

Schau-fenster *n.* shop window, show window, **–glas** *n.* sight glass, ga(u)ge glass, inspection glass, **–kasten** *m.* show-case, **–loch** *n.* peephole, inspection hole, observation port, sight hole, **–lochstein** *m.* o peephole block

Schaum *m.* scum, foam, dross

schäumen to boil

Schaumglas *n.* foam glass, sponge glass, cellular glass, **–stein** *m.* foam glass brick, foam glass block

schäumiges Glas *n.* seedy or blistery glass

Schäumigkeit *f.* seediness

Schaumlinie *f.* o scum line, foam line

Scheibe *f.* disk (= disc), washer, pulley, dial, pane (of glass)

Schein-drall *m.* GF false twist, **–werfer** *m.* searchlight, headlight, spotlight, reflector, projector, floodlight

Scherben *f.* pl. cullet

scherbenfreies Gemenge *n.* raw batch

Scherbengemenge *n.* raw cullet

Scheren *f.* pl. (= Messer *n.* pl.) shears

Scher-festigkeit *f.* shear(ing) strength, **–spannung** *f.* shear(ing) stress

scheuerfest scuff-proof

Schicht *f.* 1. layer, stratum, 2. shift, set, **–arbeiter** *m.* shift worker

schichten GVK to lay up, laminate

Schichtkörper *m.* (= Schichtstoff) laminate

Schichtung *f.* 1. lamination, 2. (F) striae (pl), stratification

Schieber *m.* O damper, gate, valve, slide (valve)

Schiebetür *f.* sliding door

schiefe Flasche *f.* F leaner, tilted bottle, off-center bottle, **–Mündung** *f.* F cooked or tilted finish

schiefer Boden *m.* F heel tap, slug (ged) bottom, wedged bottom, **– Hals** *m.* F bent neck

Schiffchen *n.* boat

Schippe *f.*(=Auffangrinne 18) scoop, pickup

Schlacke *f.* slag

Schlackenwolle *f.* slag wool

Schlagfestigkeit *f.* impact strength

Schlagfestigkeitsprüfung *f.* impact strength test

Schlagmesser *n.* GF guillotine, chopper

„schlanke“ Plungerkurve *f.* SP slow acting plunger cam

Schlauch *m.* 1. (flexible) tube, hose, 2. (GF) sleeving, **–pressen** *n.* extrusion

schlechte Materialverteilung *f.* F poor distribution, build-up

Schlegelflasche *f.* hock bottle

Schleif-bahn *f.* (continuous) grinding line, **–band** *n.* abrasive belt, **–block** *m.* grinding block

schleifen to grind, cut (DEK)

Schleif-eisen *n.* runner bar, nog, **–gurt** *m.* abrasive belt, **–kopf** *m.* grinding head, grinding runner, **–kratzer** *m.* F scratch, sand hole, **–maschine** *f.* grinder, grinding machine, **–mittel** *n.* abrasive agent, grinding material, **–sand** *m.* grinding sand, **–scheibe** *f.* grinding wheel, grinding disk (or disc), **–tisch** *m.* grinding table, laying table

Schlemperguß *m.* FF slip casting

Schleuderguß *m.* centrifugal casting

Schlichte *f.* GF sizing, lubricant

Schlickerguß *m.* s. Schlemperguß

Schliere *f.* F cord, stria (pl. striae), ream, streak

Schlierenbild *n.* „schlieren“ picture or photograph, cord pattern

schlieriges Glas *n.* cordy glass, reamy or striated glass (depending on the form of cords)

Schliff *m.* 1. grinding, 2. cut(ting), 3. ground-in joint

Schlitz *m.* slot, slit, **–bogen** *m.* O bearer arch, rider arch

Schlot *m.* chimney, stack

Schmälze *f.* GF sizing, lubricant, **–kissen** *n.* lubricant pad, applicator pad, **–rad** *n.* wheel applicator, **–walze** *f.* roller applicator

Schmelz-aggregat *n.* melting unit, **–anlage** *f.* melting plant, melting installation, **–diagramm** *n.* melting diagram

Schmelze *f.* melt(ing), fusion, metal

schmelzen to melt, smelt, fuse, found

Schmelzer *m.* teaser, melter, founder, metal tender

Schmelz-farbe *f.* vitrifiable colo(u)r surface colo(u)r, **–fläche** *f.* melting area

schmelzflüssig fused, molten, **– gegossenes feuerfestes Material** *n.* fused cast refractories

Schmelz-geschwindigkeit *f.* melting rate, **–leistung** *f.* melting rate, melting efficiency, capacity, **–ofen** *m.* melting furnace, tank, **–pause** *f.* interruption of batch feed, **–probe** *f.* proof, glass sample, **–punkt** *m.* melting point, **–pyrometer** *n.* fusion pyrometer, **–raum** *m.* o melting end, melting compartment or chamber, melter, **–teil** *m.* s. Schmelzraum, **–temperatur** *f.* melting temperature, **–tiegel** *m.* crucible, **–verfahren** *n.* method of melting, melting process or technique, **–vorgang** *m.* melting procedure, **–wärme** *f.* heat of fusion, **–wanne** *f.* melting tank, melting end, hot end, **–wannenseite** *f.* melting end side

schmieren to lubricate, swab

Schmiermittel *n.* lubricant, swab

Schmierung *f.* lubrication, oiling

Schmirgel *m.* emery, abrasive powder, **–leinen** *n.* abrasive cloth, emery cloth, **–papier** *n.* emery paper, abrasive paper

Schneckenspeiser *m.* screw type batch feeder

„Schneider" *m.* F (= Glasfaden von Wand zu Wand im Flascheninnern) "bird swing", birdcage

Schneid-grat *m.* fin, **–größen** *f.* pl. (von Flachglas) cut(ting) sizes, **–rädchen** *n.* cutting wheel, **–stube** *f.* cutting shop, **–tisch** *m.* cutting table, **–werkzeug** *n.* cutting tool

Schnellschmelze *f.* flash melt

Schnitt-narbe *f.* F shear mark, cut-off, **–zahl** *f.* gob speed, **–zeichnung** *f.* sectional drawing

Schnur *f.* GF cord(age)

Schöpf-kelle *f.* ladle, **–probe** *f.* ladled-out sample, spoon proof

Schornstein *m.* stack, chimney, **–zug** *m.* stack draught (= draft), exhaust power of stack

Schräg-aufzug *m.* skip hoist, **–schnitt** *m.* undercutting

Schränke *f.* (= Farbfritte) colo(u)red frit

Schraub-deckel *m.* screw cap, screw lid, **–(deckel)mündung** *f.* screw type finish, finish for screw cap, **–verschluß** *m.* s. Schraub-deckel

Schrenke *f.* s. Schränke

Schrenk-eisen *n.* (= Schrenneisen) mullet, parting tool, **–risse** *m.* pl. F (= Schreng- oder Schrennrisse) crizzles, hairlines, cold checks

Schrennen *f.* pl. s. Schrenkrisse

Schröpfkopf *m.* cupping glass

Schrumpfkapsel *f.* cellulose seal

Schrumpfung *f.* shrinkage

Schub(kraft) *m.* (*f.*) thrust

Schubleiste *f.* (der Eintragmaschine) push bar

Schüren *n.* (von Hand) hand poking

Schürer *m.* teaser, founder

Schürze *f.* GF skirt

Schütt-gewicht *n.* bulk weight, apparent density, bulk density, **–wolle** *f.* GF pouring wool

Schulterrisse *m.* pl. F shoulder checks

Schuß *m.* GF weft, fill(ing), **–faden** *m.* fill, pick, shot

Schutz-blech *n.* guard, **–brille** *f.* safety goggles, **–glas** *n.* (blue) protection glass, safety glass, protective glass, **–rohr** *n.* (für Thermoelement)protective tube, sheath, **–überzug** *m.* protective coating, protective film

schwabbeln to swab

schwache Politur *f.* F short finish

schwach vergrößerndes Mikroskop *n.* low powered microscope

Schwalbenschwanznut *f.* dovetail

schwarzer Glaskopf *m.* psilomelane, manganese dioxide

Schwarz-glas *n.* black glass, **–lot** *n.* DEK grisaille (colo(u)r)

Schwebemethode *f.* (bei Dichtemessung) sink float technique

Schwefel *m.* sulphur (= sulfur), **–abguß** *m.* sulphur cast, **–behandlung** *f.* sulphur treatment, sulphuring, **–eisen** *n.* iron sulphide

schwefeln to sulphur(ize), treat with sulphur

Schwefelsäure *f.* sulphuric acid

Schwefelung *f.* sulphur treatment, sulphuring

Schweiß-brille *f.* welding glasses, welding goggles or spectacles, **–draht** *m.* welding wire

schweißen to weld

Schweißerschutzglas *n.* s. Schweißbrille

Schweißstelle *f.* (thermo)junction

Schwenkrinne *f.* (am Gemengebunker) turnhead selector spout

schwere Soda *f.* dense soda ash

Schwer-flint(glas) *n.* extra dense flint (glass), **–kron(glas)** *n.* dense barium crown (glass), **–öl** *n.* heavy (fuel) oil, **–punkt** *m.* centre (= center) of gravity,

–spat *m.* barytes, barium sulphate (= sulfate)

Schwerstkron(glas) *n.* extra dense barium crown (glass)

Schwimmdüse *f.* debiteuse

schwimmender Estrich *m.* GF floating floor, insulated floor

Schwimmer *m.* O floater, **–loch** *n.* floater hole

Schwimmsand *m.* quick sand, running sand

Schwingungsfestigkeit *f.* resistance to vibration, vibration resistance

Securit *n.* (Warenzeichen für Einschreibensicherheitsglas der Compagnie de Saint-Gobain, Neuilly, Frankreich) toughened or tempered safety glass

Segerkegel *m.* FF (seger) cone, pyrometric cone, **–gasse** *f.* cone plaque

Sehempfindlichkeitskurve *f.* visual acuity curve

Seidenglanzglas *n.* moonstone glass

seidenmatt DEK satiny

Seidenmatt *n.* satin finish, satin surface, **–farbe** *f.* DEK satin etch enamel

Seigerung *f.* segregation

Seitenbrenner *m.* O side port, **–ofen** *m.* (= Querflammenwanne *f.*) cross-fired furnace, side-port furnace

Seiten-stein *m.* O sidewall block, **–wand** *f.* sidewall

Sekurit *n.* (Warenzeichen für Einscheibensicherheitsglas der Fa. Vereinigte Glaswerke, Aachen s. Securit

Selen *n.* selenium, **–entfärbung** *f.* decolo(u)rization by selenium, **–glas** *n.* selenium glass

seltene Erden *f.* pl. rare earths

Senfglas *n.* mustard glass

senken OPT to sag, drop

Senkofen *m.* sagging oven, dropping lehr

Senkrechtziehverfahren *n.* vertical drawing, updraw method (= Pittsburgh sheet glass process)

SE-Oxyde *n.* pl. rare earth oxides

Serienfertigung *f.* mass production, series production, volume production

Sicherheits-bremse *f.* (an der Owens-Maschine) safety gate, **−glas** *n.* safety glass, auto glass; see under: Mehrschichten-, Einscheiben-, Drahtsicherheits-, Sekuritglas, **−ventil** *n.* relief valve, safety valve, blowoff valve, **−verschluß** *m.* safety cap or closure, pilferproof or tamperproof closure

Sichtdeckel *m.* transparent cap or closure

Sieb *n.* sieve, screen, strainer, **−analyse** *f.* screen analysis, sieve analysis, sizing test, **−druckverfahren** *n.* screen printing method, serigraphy

sieben to screen, sieve, sift

Sieb-feinheit *f.* (= Maschenweite) mesh (size), **−schablone** *f.* screen plate, screen stencil

Siemens-Martinofen *m.* open hearth furnace

Signalglas *n.* signal glass

Silber-auflage *f.* DEK silver plating, **−beize** *f.* DEK (= Gelbbeize) silver stain, yellow stain, **−belag** *m.* silvering, silver coating or deposit, **−nitrat** *n.* silver nitrate

Silikagel *n.* silica gel

Silikastein *m.* FF silica block or brick

Silikat *n.* silicate, **−analyse** *f.* analysis of silicates, **−chemie** *f.* chemistry of silicates

Silikon *n.* (synthet. Verbindung) silicone

Silikonisieren *n.* (= Silikonbehandlung *f.* v. Hohlglas) silicone treatment

Silikose *f.* silicosis

Silizium *n.* silicon, **−dioxyd** *n.* silicon dioxide, silica, **−fluorid** *n.* silicon tetrafluoride

siliziumhaltig siliceous

Siliziumkarbid *n.* silicon carbide, carborundum

Sillimanit *m.* MIN sillimanite

Sinter-glas *n.* sintered glass, **−korund** *m.* sintered corundum

sintern to sinter, frit, fuse

Sinterofen *m.* sintering furnace

Siphon *m.* siphon

Smalte *f.* smalt, blue smalt

smaragdgrün emerald green

Sockel *m.* (der Elektronenröhre) (electron tube) stem

Soda *f.* soda (ash), sodium carbonate, **−Kalkglas** *n.* soda lime glass

Sog *m.* suction, pull, draught (= draft)

Sohle *f.* (des Ofens) furnace floor, bottom, seat, siege

Solarisation *f.* solarization

Solleistung *f.* rated capacity, nominal capacity

Sonnenbrille *f.* sun glasses

Sorte *f.* (= gefertigter Artikel *m.*) job, type of ware, item

sortieren to sort, select, inspect, also size

Sortierer *m.* sorter, selector, inspector

Sortiermaschine *f.* selecting machine, ga(u)ging and detecting machine

Sortierung *f.* sorting, selection, inspection

Spätgispen *f.* pl. F seeds formed during breakdown, **–entwicklung** *f.* reboil, breakdown

Spalt *m.* F split

Spannung *f.* 1. strain, stress, tension (= Zugspannung), compression (= Druckspannung), 2. voltage

Spannungs-anhäufung *f.* stress concentration, **–ausgleich** *m.* (im Kühlofen) soak(ing), **–grad** *m.* temper (grade), annealing grade **–meßgerät** *n.* strain ga(u)ge

spannungsoptischer Koeffizient *m.* stress-optical coefficient

Spannungs-prüfer *m.* strain detector, polariscope, **–scheibe** *f.* strain disk (= disc), **–zustand** *m.* s. Spannungsgrad

Speiser *m.* O (gob) feeder, **–auslauf** *m.* feeder well, **–becken** *n.* spout, feeder bowl, **–beckenstein** *m.* spout block, **–kanal** *m.* forehearth, feeder channel, **–kopf** *m.* feeder nose, **–kopfstein** *m.* front spout cover, front cover block, **–loch** *n.* feeder connection, feeder opening, **–maschine** *f.* gob-fed machine, feeder machine, flow machine, **–ring** *m.* orifice ring, bush, **–verfahren** *n.* feeder process, gob or flow process

Spektralanalyse *f.* spectrochemical analysis

spektrale Durchlässigkeit *f.* spectral transmittance

Spektral-linie *f.* spectrum line, spectral line, **–photometer** *n.* spectrophotometer

Spektrometer *n.* spectrometer

Spektrum *n.* spectrum

spezifischer Widerstand *m.* resistivity, specific resistance

spezifische Schmelzleistung *f.* (in t/m² 24 h) specific melting rate or efficiency

spezifisches Gewicht *n.* specific gravity, density

spezifische Wärme *f.* specific heat, thermal capacity

Spiegel *m.* 1. mirror, looking glass, 2. (= Glasspiegel) glass level, flux line, metal line, 3. (= Festblasewelle *f.*) settle wave, saddle, **–beleganstalt** *f.* silvering shop, **–belegtisch** *m.* silvering table, **–drahtglas** *n.* polished wire(d) glass, wire(d) plate glass, **–glas** *n.* plate glass, polished plate glass, **–glaswanne** *f.* plate glass furnace or tank, **–linie** *f.* glass level, flux line, metal line, **–rohglas** *n.* rough (cast) glass

Spindel *f.* GF (winder) spindle, collet

Spinnapparat *m.* GF spinner

spinnbare Fasern *f.* pl. GF spinnable fibres (= fibers), spun fibres, textile fibres

spinnbares Glas *n.* GF spun glass

Spinndüse *f.* bushing

spinnen to spin

Spinnfaden *m.* basic fibre (= fiber), strand

Splitterprüfung *f.* FF spalling test

splittersicher shatter-resistant, shatter-proof

splittersicheres Glas *n.* shatterproof or resistant glass

Spodumen *m.* MIN spodumene

spondyler Ton *m.* spondylic clay

Sprengeisen *n.* whetting tool

Spritz-pistole *f.* spray gun, air brush, **–guß** *m.* injection mo(u)lding, **–mündung** *f.* sprinkler finish

spröde brittle

Sprödigkeit *f.* brittleness

Sprung *m.* F crack, fissure, split, tear

Spül-kante *f.* O flux line, metal line, **–maschine** *f.* (für Flaschen) bottle washer

Spule *f.* 1. spool, bobbin, cop (GF), 2. coil, solenoid (EL)

Spul-gatter *n.* GF creel, **–kopf** *m.* GF collet, **–maschine** *f.* GF winder, winding frame

Spurenelement *n.* trace element

Stabilisator *m.* stabilizer

Stab-meßinstrument *n.* rod ga(u)ge, **–ziehen** *n.* rod drawing, **–zieher** *m.* rod drawer, **–ziehverfahren** *n.* GF drawn rod method

Stadtgas *n.* town('s) gas

Stärke *f.* 1. thickness, ga(u)ge, 2. strength, 3. starch (GF)

Stärkenmesser *m.* thickness ga(u)ge, slip-over ga(u)ge, straddle, calipers

stagnierendes Glas *n.* stagnant glass, dormant glass, dead glass

Stahl *m.* steel, **–einsätze** *m.* pl. (für Saugformen) nose bushings, **–fadenverbundglas** *n.* steel wire laminated glass, **–platte** *f.* (für Umdruck) DEK steel plate, engraved plate, **–zellenband** *n.* plate conveyor, **–zunder** *m.* steel scale

Stammglas *n.* matrix glass, parent glass

Stampfmasse *f.* FF ramming compound, ramming mix

Standardisierung *f.* standardization

standfest stable

Stand-festigkeit *f.* stability, **–fläche** *f.* bearing circle or surface

Stangen-glas *n.* 1. cane (glass), 2. (HIST) tall, cylindrical beaker (used in the late Middle Ages), banded glass (= Paßglas), **–kopf** *m.* IS scoopholder

Stanniolkapsel *f.* foil capsule

Stapelfaser *f.* GF staple fibre (or fiber), **–garn** *n.* staple yarn, **–gewebe** *n.* staple cloth

Stapel-platte *f.* pallet, **–seide** *f.* GF chopped strand

stark lichtdurchlässiges Glas *n.* high-transmission glass

Station *f.* section IS, station

staubiges Glas *n.* F seedy glass

Staub-kammer *f.* O dust trap, **–sammler** *m.* dust collector

Stauchform *f.* (metal) dip mo(u)ld

Stauscheibe *f.* (gas flow) orifice plate

Stechbecken *n.* bed-pan

stehende Regenerativkammer *f.* O vertical regenerator, upright chamber

Steife *f.* rigidity

steife Platte *f.* GF rigid board

Steigleitung *f.* (an der Maschine) riser

„steile" Plungerkurve *f.* SP quick acting cam

Stein *m.* 1. block, brick (of refractory material), 2. stone, glass inclusion or occlusion F

Steinchen *n.* F stone, glass inclusion or occlusion, dead metal, knot, **–bestimmung** *f.* stone identification, **–bildung** *f.* stone formation

Stein-gut *n.* stoneware, earthenware, **–kohle** *f.* pit coal, stone-coal, bituminous coal, **–lage** *f.* O course, **–wolle** *f.* rock wool, **–zeug** *n.* stoneware, earthenware

Stelltrommel *f.* movable drum

Stempel *m.* plunger, needle SP **-klammer** *f.* IS plunger split ring, **-kopf** *m.* IS plunger adapter, **-kühlrohr** *n.* IS tube cooler

Stengel-Blattschliff *m.* DEK leaf and stem (decoration)

Stepp-filz *m.* GF sewn blanket, sewn sheet, **-maschine** *f.* GF sewing machine

sterilisieren to sterilize

Stern *m.* (= Zellenrad) transfer wheel, starwheel

Steuerkurve *f.* cam

Stich-bogen *m.* O sprung arch, **-höhe** *f.* (= Pfeilhöhe) O spring of arch, height of arch, height of curve, **-probe** *f.* random sample, **-probenentnahme** *f.* random sampling

Stickstoff *m.* nitrogen

Stiefel *m.* O boot(leg), potette, hood, syphon, **-wanne** *f.* potette tank

Stiel *m.* stem, stalk, **-glas** *n.* stem glass, stem ware, **-schliff** *m.* stem cutting

Stiftlochrisse *m.* pl. F crizzles at finish hole (of mechanical closure finishes)

Stirn-brennerofen *m.* (= U-Flammenwanne *f.*) end-fired furnace, end-port furnace, horseshoe-fired furnace, **-stein** *m.* O facer (block), **-wand** *f.* (des Ofens) end wall, back wall, gable wall

Stöpsel-flasche *f.* stoppered bottle, **-lehre** *f.* plug ga(u)ge, **-maschine** *f.* plug ga(u)ging machine, plug ga(u)ger

Stößel *m.* SP plunger, needle

Stopfen *m.* stopper

Stopfstein *m.* s. Stopfen

Store *m.* GF marquisette curtain

Stoß-dämpfung *f.* cushioning, **-festigkeit** *f.* impact strength, shock strength, resistance to impact or shock, **-stellen** *f.* pl. F bruise checks

Strähne *f.* GF skein, hank

Strahl *m.* ray, beam, jet, stream, flash

Strahleneinfall *m.* incidence of rays

Strahlung *f.* radiation

Strahlungsbrenner *m.* radiating burner

strahlungsempfindliches Glas *n.* radiation sensitive glass

Strahlungs-energie *f.* radiated energy, radiant energy, **-fläche** *f.* radiation surface, emitting surface or area, **-heizung** *f.* radiation heating, **-kraft** *f.* radiating power, emissivity, **-pyrometer** *n.* radiation pyrometer, **-rohrofen** *m.* radiant tube (heated) furnace, **-temperatur** *f.* radiation temperature

strahlungsunempfindliches Glas *n.* glass unaffected by radiation, stabilized glass, non-browning glass

Strahlungs-verlust *m.* radiation loss, **-vermögen** *n.* radiant or radiating power, **-wärme** *f.* radiation heat, radiant heat

Strakou *m.* (= Kanalkühlofen für Spiegelglas) annealing lehr for plate glass

Strangpresse *f.* extruder

strangpressen to extrude

Straß *m.* DEK strass

Streckeisen *n.* (für Fensterglas bei veraltetem Zylinderverfahren) flattening tool, flattening iron, „hoe"

Strecken *n.* des Glases flattening of glass

Strecker *m.* flattener

Streck-grenze *f.* yield point, elastic limit, **–metall** *n.* expanded metal lath, **–ofen** *m.* flattening kiln

Streifen *m.* F streak, stria (pl. = striae)

Streuflasche *f.* shaker

Streuung *f.* dispersion (of light), scatter(ing), variation

strichvoller Inhalt *m.* brimful capacity, overflow capacity

Strickmaschine *f.* GF knitting machine

Strömung *f.* flow, current, flux

Strömungs-bild *n.* flow pattern, **–manometer** *n.* transpiration manometer, **–messer** *m.* flowmeter

Strukturumwandlung *f.* structural transformation

Stülpdeckel *m.* slip-on cap, snap (fit) cap, snap (on) cap, press-on cap

Stuhlarbeit *f.* chair-work

Stupf-Pinsel *m.* (= Stupp-Pinsel) DEK printer's rubbing brush

Sturzguß *m.* slush casting

Sulfat-blasen *f.* pl. F sulphate (= sulfate) scab, white wash, **–glas** *n.* sulphate glass (= sulfate glass)

superfeine Faser *f.* GF superfine fibre (= fiber)

Suspension *f.* suspension

Syenit *m.* MIN syenite

Synthese *f.* synthesis, theoretical composition

T

Tablettenröhrchen *n.* phial, vial

Tafel-geschirr *n.* table (glass) ware, **–glas** *n.* sheet glass, **–glasver-**fahren *n.* sheet glass process, **–glasziehen** *n.* sheet glass drawing

Tageswanne *f.* o day tank

Taschenflasche *f.* (pocket) flask

Talerboden *m.* F center scar

Tankrinne *f.* (an der Owens-Maschine) channel

Tantaloxyd *n.* tantalum oxide

Taste *f.* IS lever

Taupunkt *m.* dew point

technisches Hohlglas *n.* canisters, (household) storage containers

Teeglas *n.* tea glass

Teilchengröße *f.* particle size, grain size

Teildispersion *f.* partial dispersion

Teleskop *n.* telescope

Tellurglas *n.* tellurium glass

Temperatur *f.* temperature, **–abfall** *m.* temperature drop, **–anstieg** *m.* rise in temperature, temperature increase, **–ausgleich** *m.* equalization of temperature, temperature balance, **–bereich** *m.* temperature range, **–beständigkeit** *f.* heat resistance, temperature stability, **–gefälle** *n.* temperature drop, temperature gradient, thermal gradient, temperature difference, **–messung** *f.* temperature measurement or reading, **–regelung** *f.* control of temperature, temperature control, **–schreiber** *m.* temperature recorder, **–schwankung** *f.* temperature variation, fluctuation in temperature, **–spannung** *f.* thermal stress, **–sprung** *m.* sudden temperature change, **–stoßfestigkeit** *f.* (= -wechsel-beständigkeit) thermal shock resistance, thermal endurance

Temper-fuchs *m.* O heating-up flue, **—kurve** *f.* heating-up schedule

tempern (= antempern) to bring up, fire up, heat up

Temperofen *m.* 1. toughening furnace, 2. pot arch

Teppicheinlage *f.* blanket (or carpet) feed

ternäres System *n.* ternary system

Terpentin *n.* turpentine

Textilglas *n.* GF spun glass, textile glass

thermischer Wirkungsgrad *m.* thermal efficiency

Thermoelement *n.* thermocouple **—schutzrohr** *n.* sheath

Thermometer *n.* thermometer, **—blase** *f.* thermometer bulb, **—glas** *n.* thermometer glass, **—röhre** *f.* thermometer tube

Thermoplaste *n.* pl. thermoplastic materials

thermoplastische Druckfarben *f.* pl. (= warmflüssige Farben) thermoplastic or thermofluid enamels

Thermosflasche *f.* vacuum flask, thermos flask

Thermostat *m.* thermostat

Tiefätzen *n.* DEK deep etching

tiefer Durchlaß *m.* O (= versenkter Durchlaß) submerged throat, sunken throat, drop throat, sump throat

tiefes Speiserbecken *n.* O deep spout

Tief-gravur *f.* DEK deep engraving, plastic engraving, **—schliff** *m.* DEK deep cut(ting), **—schnitt** *m.* DEK low relief carving

tiefziehen to deep-draw

Tiegel *m.* crucible, **—schmelze** *f.* crucible melt(ing)

Tintenfaß *n.* ink-pot

Titan *n.* titanium, **—glas** *n.* titanium glass

Titer *m.* 1. titer, 2. (yarn) count (GF)

Titration *f.* titration

Titrationsprüfung *f.* titration test

titrieren to titrate

Toleranz *f.* tolerance, latitude

Ton *m.* clay, **—erde** *f.* alumina, **—erdeglas** *n.* aluminosilicate glass, alumina glass

tonerdehaltiges Glas *n.* s. Tonerdeglas

Ton-erdesilikat *n.* aluminosilicate, **—hafen** *m.* clay pot

Topfzeit *f.* pot life

Torsion *f.* GF (= Drall *m.*) twist

Trägerrost *m.* O grill, grillage, grate, bottom beams, siege joists

Tragstein *m.* O mantle block

Transformationspunkt *m.* (bei einer Viskosität von 10^{13} poise) transformation point

Transformator *m.* transformer

Transistor *m.* transistor

Transparenz *f.* transparency

Transportband *n.* conveyor (belt)

Treiber *m.* (= Pegel) plunger, tip

Treibhaus *n.* greenhouse, hothouse

Trenn-fuge *f.* parting line, joint line, **—wand** *f.* partition, **—mittel** *n.* (mo(u)ld) release agent, (mo(u)ld) parting agent, **—scheibe** *f.* cutting wheel

Tretzeug *n.* dummy, mechanical boy, treadle

trichromatische Koeffizienten *m.* pl. (= Farbkoordinaten *f.* pl.) chromaticity coordinates, tristimulus values

Trichter *m.* 1. hopper, 2. (IS) funnel, 3. (GF) spout, **—rohr** *n.* (= Tellerrohr der Glühlampe) stem tube, flare, **—wagen** *m.* hopper (bottom) car

Tridymit *m.* MIN tridymite
Trink-becher *m.* tumbler, **–glas** *n.* drinking glass
Tripus *m.* pig
Trocken-ofen *m.* drying oven, dryer, **–schrank** *m.* drying cabinet, drying chamber
Trommel *f.* drum, **–muffel** *f.* rotary muffle, rotary kiln, **–schreiber** *m.* strip chart recorder
Tropfen *m.* (= Posten) (glass) gob, **–fall** *m.* delivery, **–folge** *f.* IS firing order, **–führung** *f.* IS delivery equipment, **–zähler** *m.* drop counter, dropper
Tropf-flasche *f.* dropper bottle, **–glas** *n.* drop glas, **–kante** *f.* o (= Tropfleiste) drip course, **–ring** *m.* (= Öffnungsring) orifice ring, bush, **–(en)speiser** *m* gob feeder, **–stift** *m.* drip pin, **–ventil** *n.* drip and sight feed
Trübglas *n.* (= Milchglas) milk glass, opal glass, opaque glass, pot opal, opacified glass
Trübung *f.* (im Glas) milkiness, cloudiness, opacification
Trübungsmittel *n.* opacifying agent, opacifier
Tube *f.* (collapsible) tube

U

Überbelastung *f.* (einer Wanne) overload, overpulling
Überdruck *m.* positive pressure, ga(u)ge pressure
überfangen to case, overlay, flash (durch Eintauchen)
Überfang-glas *n.* cased glass, flashed glass, overlay glass, **–schliff** *m.* cased glass cutting, **–zapfen** *m.* flashing knob

Übergabe *f.* (des Külbels von Vor- zur Fertigform) transfer of parison, invert, inversion
überhitzen to overheat, superheat
Überkapazität *f.* (der Vorform) overcapacity, bubble
Überlauf *m.* (der Owens-Dreh- wanne) overflow, **–stein** *m.* o flow block
überpreßtes Glas *n.* F overpress
Überpressung *f.* s. überpreßtes Glas
Überschlagfestigkeit *f.* flashover strength
überziehen to coat
Überzug *m.* coat(ing), covering
U-Flamme *f.* horseshoe flame
U-Flammenwanne *f.* o end-port furnace, end-fired furnace, horseshoe-fired furnace
Uhrglas *n.* clock glass, watch glass
Ultrakronglas *n.* extra heavy crown glass
ultrarotdurchlässiges Glas *n.* infra-red transmitting glass
Ultraschall-frequenz *f.* ultrasonic frequency, **–prüfung** *f.* ultrasonic test
ultraviolettdurchlässiges Glas *n.* ultra-violet transmitting glass
ultravioletter Stärkenmesser *m.* ultraviolet thickness ga(u)ge
ultraviolettundurchlässiges Glas *n.* ultra-violet absorbing glass, document glass
Umband *n.* GF (= Pappman- schette *f.*) paper tube or sleeve, winding tube
Umbau *m.* (= Sortenwechsel an der Maschine) job change
Umdruckverfahren *n.* DEK steel plate transfer
Umkehr-achse *f.* invert centre (= center), **–mechanismus** *m.* IS invert mechanism

Umkehrung *f.* des Külbels inversion of parison, parison invert

Umlauf *m.* (einer Pfandflasche) journey, trip, **–system** *n.* recirculating system

Umlenk-raum *m.* o return, **–rinne** *f.* IS deflector (chute)

Umrechnungstabelle *f.* conversion table

umrühren to stir

umschmelzen to remelt

umspinnen GF to cover with yarn

umsponnener Draht *m.* GF yarn-covered wire

umstellen o to reverse

Umstellklappe *f.* reversing valve, diverter valve

Umstellung *f.* o reversal, change-over

umsteuern s. umstellen

Umsteuerventil *n.* reversing valve

Umwälzofen *m.* recirculating air lehr

unbeständig unstable, instable

Unbeständigkeit *f.* unstableness, instability

unbewegte Luft *f.* still air

unbrennbar incombustible

undichte Mündung *f.* F leaky ring, leaker

undurchsichtig opaque

Undurchsichtigkeit *f.* opacity

ungiftig non-toxic

ungleichmäßige Glasverteilung *f.* F uneven distribution (of glass)

unregelmäßige Farbverteilung *f.* F (beim Daueretikett) uneven coverage, "backlapping"

Unreinheit *f.* F impurity

unrichtiges Inhaltsmaß *n.* F off-capacity

unrund F out-of-round, oval

Unterdruck *m.* negative pressure, vacuum, suction head, pumping head

untere Kontrollgrenze *f.* (bei der statistischen Qualitätskontrolle) lower control limit (= LCL), **– Kühltemperatur** *f.* (= unterer Kühlpunkt *m.* bei $10^{14.6}$ poise) strain point

unterer Heizwert *m.* net heating value, net calorific power

untere Steinreihe o lower (or bottom) course of refractory blocks

unterkühlte Flüssigkeit *f.* undercooled liquid, supercooled liquid

Unterlaufpapier *n.* GF backing paper

Untersuchung *f.* test, examination, investigation, study

unverlierbarer Verschluß *m.* captive closure

Uran *n.* uranium

V

Vakuum *n.* vacuum, **–leitung** *f.* vacuum line, **–röhre** *f.* vacuum tube, electron tube, **–verschluß** *m.* vacuum (seal) cap

Vase *f.* vase

venezianisches Glas *n.* Venetian glass

Ventil *n.* valve

Ventilator *m.* fan, ventilator, blower

Ventil-deckel *m.* valve cover, valve cap, **–kasten** *m.* IS valve block, **–knopf** *m.* (für Aerosolflaschen) actuator, **–schaft** *m.* valve stem

Venturiröhre *f.* venturi tube, venturi throat

Verankerung *f.* o anchoring, bracing, bindings, steelwork

Verarbeitbarkeit *f.* workability, working property

Verarbeitung *f.* working (up), processing, machining, forming

Verarbeitungs-bereich *m.* working range, **–temperatur** *f.* (bei 10^4 poise) working point or temperature

Verbandlagen *f.* pl. o tie courses

Verblassen *n.* (des gefärbten Glases) fading

verbleien (bei Glasfenstern) to lead

verbogene Mündung *f.* F bent finish, crooked or cocked finish

Verbrennung *f.* combustion, firing, burning

Verbrennungs-geschwindigkeit *f.* rate or speed of combustion, **–kammer** *f.* combustion chamber, firebox or fire chamber, **–leistung** *f.* combustion efficiency, **–luft** *f.* combustion air, **–produkt** *n.* product of combustion, **–raum** *m.* combustion chamber or space, firebox, fire chamber, **–rückstand** *m.* residue from combustion, combustion residue, **–temperatur** *f.* temperature of combustion, firing temperature, **–wärme** *f.* heat of combustion, gross heating value, gross calorific value, **–zone** *f.* combustion zone, firing zone

Verbund-glas *n.* (= Mehrscheiben-Sicherheitsglas) laminated safety glass, multi-layer laminated glass, **–körper** *m.* GVK laminate, sandwich, **–sicherheitsglas** *n.* (= Mehrscheiben-Sicherheitsglas) laminated safety glass, multi-layer laminated glass

verchromen to chromium-plate

Verchromung *f.* chrome-plating, chromium-plating

Verdickung *f.* F slug

Verdrängungsströmung *f.* displacement flow

Veredelung *f.* decoration

verengte Mündung *f.* F choke, choked neck

Verfärbung *f.* F discolo(u)ration

Verfaltung *f.* F (= Falten *f.* pl.) chill marks, brush marks, laps, folds

Verformbarkeit *f.* workability, plasticity

verformte Artikel *m.* pl. F deformed ware, out-of-shape ware

Verformung *f.* F deformation

Vergasung *f.* gasification

verglasen 1. to glaze, 2. to vitrify

Verglasung *f.* 1. glazing, 2. vitrification

Vergleichs-Glühfadenpyrometer *n.* optical pyrometer, disappearing filament pyrometer

verglühen to ignite, glow

vergolden to gild, gold-plate

Vergoldung *f.* gilding, gold plating

Vergrößerungsglas *n.* magnifying lens or glass

verkupfern to copper(-plate)

verlaufen F (beim Daueretikett) to run, slide

Verpackung *f.* pack, package, packing

Verpackungs-becher *m.* packer's tumbler, **–flasche** *f.* bottles used for packaging chemical, pharmaceutical, and cosmetic products, sometimes also foods, **–glas** *n.* generic term including bottles for the abovementioned products, packer's tumblers and food jars

Verputz *m.* plaster

versackter Durchlaß *m.* o (= versenkter Durchlaß) submerged throat, sunken or sunk throat, drop(ped) throat

versackte Schulter *f.* F sunken shoulder

verschlacken FF to slag

Verschlackung *f.* slagging
Verschleiß *m.* wear (and tear)
verschleißen to wear (away or out)
verschleißfest wear-resistant, resistant to wear (and tear)
Verschleißfestigkeit *f.* resistance to wear (and tear), resistance to abrasion, wearability
verschliessen (Behälter) to cap, seal, close
Verschließmaschine *f.* (= Verschlußmaschine) capping machine, capper
Verschluß *m.* cap, closure, **—einlage** *f.* cap liner, **—platte** *f.* (für Ofen) shearcake
verschmelzen to fuse
Verschmelz-kante *f.* (bei Elektronenröhren) fillet, weld, **—probe** *f.* (bei Ausdehnungsmessung) strip fusion
Verschmelzung *f.* fusion, sealing
verschmutzte Artikel *m.* pl. F dirty ware
verschweißen to weld, seal
Verschweiß-legierung *f.* sealing alloy, **—maschine** *f.* (für Glasbausteine) (glass block) sealing machine
versetzte Mündung *f.* F offset finish
versetzter Boden *m.* (von Behältern) flanged bottom, offset punt
versetzte Rostpackung *f.* O staggered straight packing
versilbern to silver(-plate)
Verspannung *f.* F strains or stresses
Verspiegelung *f.* mirror deposit (work), silvering
verstärkte Kunststoffe *m.* pl. reinforced plastics
Verstärkungsmatte *f.* GVK (reinforcing) mat
Versuch *m.* test, trial, experiment

Versuchs-ofen *m.* trial furnace, pilot furnace, experimental furnace, **—methode** *f.* method of testing, test method, **—reihe** *f.* test run, **—wert** *m.* test result
Verunreinigung *f.* F contamination
verwärmen to fire-polish, fire-finish, glaze
verwittern to weather, effloresce, fade
Verwitterung *f.* weathering, decay, surface disintegration, efflorescence
Verwitterungsklasse *f.* (für opt. Glas) dimming class
Verzerrung *f.* distortion
Verzögerungsleitung *f.* delay line
verzwirnen GF to twist, double
Vielfachform *f.* multiple cavity mo(u)ld
Vielflammenhafenofen *m.* multiflame pot furnace
Vielzellenglas *n.* multicellular glass, foam glass
vielzügige Regenerativkammer *f.* O multi-pass regenerator
Vierstoffsystem *n.* four-component system, quaternary system
Viertelwellenplättchen *n.* quarter wave plate
viskos viscous, sluggish
Viskosimeter *n.* visco(si)meter
Viskosität *f.* viscosity
visueller Wirkungsgrad *m.* relative brightness
Vitrine *f.* showcase
Vlies *n.* GF (= Glasfaservlies) veil, bonded mat, tissue
vollelektrisch beheizter Glasschmelzofen *m.* all-electric glass melting furnace
Voltmeter *n.* voltmeter
Volumen *n.* volume, capacity

volumetrische Analyse *f.* volumetric analysis

Vorarbeiter *m.* crew leader

Vorbau-kante *f.* O doghouse corner, **–kantenstein** *m.* doghouse corner block

Vorbecken *n.* O spout

Vorblaseluft *f.* counterblow air

vorblasen to counterblow, blow-back

Vordach *n.* awning

Vorform *f.* 1. blank mo(u)ld, parison mo(u)ld, 2. preform (GVK), **–boden** *m.* baffle, **–bodennarbe** *f.* F baffle mark, **–ling** *m.* blank, preform, (GVK), parison, **–maschine** *f.* GVK preform machine

Vorgarn *n.* GF sliver, single-end thread, stock

vorgemischte Preßmasse *f.* GVK premixed mo(u)lding compound

vorgesetzter Stein *m.* FF patch block

vorgespanntes Glas *n.* (= gehärtetes Glas) toughened, tempered, heat-treated, pre-stressed glass, case-hardened glass

Vorhangstoff *m.* GF casement cloth

Vorherd *m.* GF forehearth, sometimes also forebay

Vorkammer *f.* O secondary regenerator

Vormischung *f.* pre-mixing

Vorratsbunker *m.* storage bin

vorreißen DEK to rough(en) in, mark out

Vorschliff *m.* rough grinding

vorschneiden s. vorreißen

Vorsetzer *m.* (beim Hafenofen) wicket wall

Vorspannung *f.* (mechanisch) positive pinch

vorübergehende Spannung *f.* temporary strain (or stress)

Vorwandgestell *n.* (am Hafenofen) wicket wall

vorwärmen to warm up (or in), preheat

W

Waage *f.* scale(s), balance, weighing machine

Wackelboden *m.* F rocker bottom

wälzen MB to marver

Wälzplatte *f.* (= Wälzstock *m.*) marver

Wärme *f.* heat, temperature, warmth, **–abgabe** *f.* loss of heat, heat emission or transmission, **–abführung** *f.* heat removal,

wärmeabsorbierendes Glas *n.* heat-absorbing glass

Wärme-aufnahme *f.* heat absorption, **– –vermögen** *n.* heat absorption capacity, heat absorptivity, **–ausbreitungsvermögen** *n.* thermal diffusivity, **–ausdehnung** *f.* thermal expansion, **–ausdehnungs-koeffizient** *m.* coefficient of thermal expansion, thermal expansion coefficient, **– –vermögen** *n.* thermal expansivity, **–ausnutzung** *f.* utilization of heat, heat or thermal efficiency, **–ausstrahlung** *f.* radiation of heat, **–austauscher** *m.* heat exchanger, **–behandlung** *f.* heat treatment

wärmebeständig heat-resistant, resistant to heat, heat-resisting

Wärme-beständigkeit *f.* resistance to heat, thermal stability, **– bilanz** *f.* heat balance

wärmedämmend heat-insulating

Wärme-dämmzahl *f.* heat or thermal insulating coefficient, **–diffusion** *f.* thermal diffusion, thermal transpiration, **–durchgang** *m.* heat transmission, heat transfer, thermal transmittance, **–durchgangszahl** *f.* coefficient of heat transfer or transmission, "U" value or factor, **–durchlässigkeit** *f.* heat transmission, **–durchlaßwiderstand** *m.* resistivity, **–durchsatz** *m.* rate of heat transfer, **–einheit** *f.* thermal unit, **–energie** *f.* thermal energy, **–entzug** *m.* removal of heat, heat removal, **–festigkeit** *f.* heat resistance, refractoriness, **–fluß** *m.* thermal flow, flow of heat, thermal flux, **–inhalt** *m.* heat capacity, heat content

wärmeisolierend heat-insulating

wärmeisoliert heat-insulated

Wärme-isolierung *f.* thermal insulation, heat insulation, **–kapazität** *f.* heat capacity, thermal capacity, **–konvektion** *f.* heat convection

wärmeleitend heat-conducting

Wärme-leitfähigkeit *f.* thermal conductivity, heat conductivity, **–leiter** *m.* heat or thermal conductor, **–leitkoeffizient** *m.* s. -leitzahl, **–leitung** *f.* heat conduction or conductance, thermal conduction or conductance, **–leitzahl** *f.* (λ) conductivity coefficient, coefficient of thermal conductivity, "k" value or factor, **–messung** *f.* calorimetry, heat measurement, **–quelle** *f.* heat source

wärmereflektierend heat reflecting

Wärme-rückgewinnung *f.* regeneration of heat, heat recovery, **–speicher** *m.* heat accumulator, regenerator, **–speicherung** *f.* heat storage, **–schock** *m.* thermal shock, **– –prüfung** *f.* thermal shock test, **–schutzglas** *n.* heat-absorbing glass, **–stau** *m.* localization or accumulation of heat, **–stoßfestigkeit** *f.* thermal shock resistance, thermal endurance, **–stoßprüfung** *f.* thermal shock test, **–strahlung** *f.* radiation of heat, thermal radiation, **–strömung** *f.* flow of heat, heat flow, thermal flow, thermal current, **–technik** *f.* pyrometry, **–übergang** *m.* heat transmission or transmittance, heat transfer, thermal transmission, **–übergangszahl** *f.* heat transfer coefficient, **–übertragung** *f.* s. -übergang, **–verbrauch** *m.* heat consumption, **–vergangenheit** *f.* thermal history, **–verlust** *m.* heat loss, thermal loss, **–vorbereitung** *f.* (im Speiserkanal) heat conditioning, **–zufuhr** *f.* heat input

Wahlschalter *m.* selector switch

Waldglas *n.* HIST forest glass

Wallner'sche Bruchlinien *f.* pl. (= Wallner-Linien) rib marks, ripple marks

Walze *f.* roll(er), cylinder

Walzenabdruck *m.* F (= Walzennarbe *f.*) roll(er) mark, roll(er) impression

Walz-glas *n.* (= Gußglas) rolled glass, cast glass, **–maschine** *f.* rolling machine, casting machine

Wanderung *f.* migration

Wand-platte *f.* wall panel, **–stärke** *f.* wall thickness, **–stärkenmesser** *m.* wall thickness ga(u)ge, **–verluste** *m.* pl. o heat losses through the (side) walls

Wanne *f.* (= Schmelzwanne) tank

Wannen-ausnahme *f.* output, pull of a tank, **–becken** *n.* tank, **–belastung** *f.* tank load, **–boden** *m.* tank bottom, siege, **– –belag** *m.* bottom paving, **–hals** *m.* tank neck, **–kühlung** *f.* tank cooling, **–ofen** *m.* (continuous) tank furnace, **–leistung** *f.* tank output, efficiency of tank (or furnace), **–material** *n.* tank refractories **–reise** *f.* furnace or tank campaign, **–stein** *m.* tank block sidewall block, **–steinlage** *f.* tank block course

Warenzeichen *n.* trade mark

warmfest heat resistant, resistant to heat, heat-resisting

Wasch-flasche *f.* wash bottle, **–mittel** *n.* detergent, cleansing agent

wasser-abweisend water-repellent, **–anziehend** hygroscopic

Wasser-bande *f.* waterband, **–beständigkeit** *f.* water resistance, **–dampf** *m.* water vapo(u)r, steam, **–druckprobe** *f.* hydraulic test, **–glas** *n.* 1. water glass, sodium metasilicate, sodium silicate, soluble glass, 2. tumbler, **–haut** *f.* ꜰ orange peel, drag, hog(ging), **–kühlung** *f.* water cooling (system), **–mantel** *m.* water jacket, **–säule** *f.* (= WS) water gauge (= WG), **–standsglas** *n.* water ga(u)ge (glass), glass ga(u)ge, **–stoff** *m.* hydrogen

weben ɢꜰ to weave

Weberschiffchen *n.* ɢꜰ shuttle

Webstuhl *m.* ɢꜰ loom

Wechselkanal *m.* ᴏ regenerator flue to reversal valve, reversing valve flue, reversal flue

Wechseln *n.* (der Borte) snaking

Wechselstrom *m.* alternating current (= A.C.)

Wehr *n.* ᴏ weir

weiche Flamme *f.* soft flame

weiches Glas *n.* soft glass

Weichmacher *m.* plasticizer

Wein-flasche *f.* wine bottle, **–glas** *n.* wine glass

Weiß-glas *n.* flint glass, colo(u)rless glass, **–hohlglas** *n.* flint container glass (ware)

Weit-halsgefäße *n.* pl. wide-mouth ware, **–winkellinse** *f.* pantoscopic lens, wide-angle lens

Welldrahtglas *n.* corrugated wire glass

Welle *f.* 1. wave, undulation, 2. shaft, axle, beam

Wellenlänge *f.* wave length

Wellglas *n.* corrugated glass

wellig wavy, sometimes optic

Welligkeit *f.* waviness, distortion

Well-pappe *f.* corrugated paper or cardboard, **–platte** *f.* corrugated sheet

Werkstatt *f.* (work)shop

Werkstoff *m.* (raw) material, **–prüfung** *f.* testing of materials

wetterfest weatherproof, weather-resistant

Wetterfestigkeit *f.* weather resistance, resistance to weathering

Wichte *f.* specific gravity

Wickelglas *n.* (für Glühlampen) sealing glass

Widerlager *n.* ᴏ skew(back), impost, springer

Widerstand *m.* 1. resistance, 2. (ᴇʟ) resistor, rheostat, resistance

Widerstands-beheizung *f.* resistance heating, **–ofen** *m.* (electric) resistance furnace

Wiedererwärmung *f.* reheat

Winde *f.* ꜰ surface cord

Windschutzscheibe *f.* windshield, windscreen

Wirbelbildung *f.* turbulence

wirksamer Zug *m.* effective draft

Wirkungsgrad *m.* efficiency, effect, effectiveness

Wirtschaftsglas *n.* domestic glass(ware), table ware

Wischer *m.* F fine sleek or slick, scratch

Wismutglas *n.* bismuth glass

Wolfram *n.* tungsten

Wolgerholz *n.* s. Wulgerform

wolgern to block, marver

Wollastonit *m.* MIN wollastonite

Wolle *f.* (= Glaswolle) GF (glass) wool

Wulgerform *f.* block (mo(u)ld)

Wulst-kante *f.* (bei Fensterglas) bulb edge, **-rand** *m.* (am Gefäß) bead, lip

wuzeln (= wolgern) to block, marver

Y

Young'scher Modul *m.* Young's modulus, modulus of elasticity

Z

zähflüssig sluggish, viscous

Zähigkeit *f.* toughness, tenacity, viscosity

zänkeln (= zängen) DEK to quill

Zahnfalten *f.* pl. F rack marks

Zange *f.* MB pucellas, tongs, pliers

Zapfen *m.* F tit, spike, **-blasen** *n.* (= Nachblasen) puffing

Zapfloch *n.* (= Ablaßloch) tap hole, drain hole

Zeit-regler *m.* timing device, timer, **-relais** *n.* timing relay

zellenbildendes Mittel *n.* cellulating agent

Zellen-glas *n.* foam glass, cellular glass, **-rad** *n.* transfer wheel or disk, starwheel

Zement *m.* cement

zentrieren to centre (= center), focus, register

Zentriernocken *m.* (beim Dauer-etikett) ACL (registration) lug

Zentrierung *f.* (an der Bedruckungsmaschine) registration

Zentriervorrichtung *f.* (an der Bedruckungsmaschine) registration attachment

Zentriwinkel *m.* o included angle of arch

zerdrücken to crush

Zerreiß-festigkeit *f.* (bis Bruch) ultimate strength, tensile strength, **-maschine** *f.* GF shredder, tensile strength testing apparatus or tester, **-prüfung** *f.* tension test, tensile test

Zersetzungserscheinung *f.* (am Glas) sign or effect of decomposition

zerstäuben to atomize

Zerstäuber *m.* atomizer, spray gun, **-brenner** *m.* atomizing burner, **-düse** *f.* atomizing nozzle, **-mutter** *f.* atomization nut

zerstörungsfreie Prüfung *f.* non-destructive test

Ziegelstein *m.* (red) brick, clay brick

Zieh-balken *m.* draw bar, **-düse** *f.* (= Schwimmdüse) debiteuse

ziehen to draw, to attenuate

Zieh-falte *f.* F drag mark, **-glas** *n.* drawn (sheet) glass, **-kanal** *m.* drawing channel, **-maschine** *f.* drawing machine, **-schacht** *m.* drawing shaft or tower, **-streifen** *m.* F drawing mark or line, **-verfahren** *n.* drawing process

Zieh-walze *f.* forming roll, **–zone** *f.* GF (von Superfeinfasern) attenuating zone

Zierglas *n.* decorative glass(ware), fancy glass(ware)

Zink-boratglas *n.* zinc borate glass, **–kronglas** *n.* zinc crown glass, **–oxyd** *n.* zinc oxide

Zinnoxyd *n.* tin oxide, cassiterite

Zipfel *m.* F (= Zapfen) tit, spike

Zirkon *m.* MIN zircon(ium), **–oxyd** *n.* zirconium oxide, zirconia, **–stein** *m.* FF zirconia block

Zitronenpresse *f.* lemon squeezer

Zubindehafen *m.* lidless jar with cellophane cover

Zündpunkt *m.* ignition point, firing point, flash point

Zuführungsleitung *f.* supply pipe or line

Zug *m.* tension, pull, traction, draught (= draft) (of stack), **–anker** *m.* tie rod, anchoring rod, **–festigkeit** *f.* tensile strenght, breaking strength, **–klappe** *f.* o damper, **–regelung** *f.* draught (= draft) control, **–regler** *m.* draught regulator, damper, **–spannung** *f.* tension, **–verhältnisse** *n.* pl. (im Ofen) drafting of a furnace, pressure conditions in a furnace

Zunder *m.* scale, **–bildung** *f.* scaling

zunderfester Stahl *m.* non-scaling steel

Zunge *f.* (am Brenner) o tongue, (mid)feather

Zungenwand *f.* tongue arch, (mid) feather wall

Zusammen-drückbarkeit *f.* compressibility, **–laufen** *n.* (des Glases an der Düse GF) flooding, **–setzung** *f.* composition

Zusatz-beheizung *f.* boosting, booster, **–flamme** *f.* booster flame

Zuschlagmittel *n.* additive, flux (ing agent)

Zuschneider *m.* glass cutter

Zuschnitt *m.* cutting (of flat glass)

zu stark gebranntes Etikett *n.* F overfired label

Zwackeisen *n.* MB (= Zwackschere *f.*) tongs, pucellas, pincers

zweihäusige Wanne *f.* o two-compartment tank (= furnace with separate crowns for melting and refining end)

zweireihige Düse *f.* GF double-row bushing

Zweistärkenglas *n.* bifocal glass

Zweistoff-gläser *n.* pl. binary glasses, **–system** *n.* binary system

zweiteilige Form *f.* split mo(u)ld, two-part mo(u)ld

zweizügige liegende Regenerativkammer *f.* o two-pass horizontal regenerator

Zwiebel *f.* GF meniscus

Zwirn *m.* GF twisted yarn

zwirnen to twist

Zwischen-band *n.* inter-conveyor, **–gitteratom** *n.* interstitial atom

Zylinder *m.* roll(er), cylinder, **verfahren** *n.* (= veraltetes Fensterglasverfahren) (hand) cylinder method or process, broad glass method

Englisch - Deutsch
English - German

Preface

In compiling this book, I have attempted to collect those technical terms which are most commonly used in the Anglo-American and German glass industries.

The traditional habits of an ancient handicraft and the vigorous development of a highly mechanized trade are two characteristic features of this industry. Therefore, I have tried to include both modern glass technological language and the glassmaker's vernacular in this dictionary.

This work has been made possible by the generous co-operation I received from the Management of A.G. der Gerresheimer Glashüttenwerke, Düsseldorf-Gerresheim, and from numerous collaborators and experts at home and abroad. To all of them I should like to express my sincere thanks.

No dictionary serving the needs of a living language can claim to be complete. This is true even more in this case of a first fairly comprehensive compilation of glass terms. In full recognition of this fact, I shall gratefully accept any suggestions for possible additions or improvements.

Düsseldorf, December 1962

Ellinor Hoffmann

Abbreviations Used

ACL	=	applied ceramic (or colo(u)r) label
CHEM	=	chemical
DEC	=	decoration
DEF	=	defect
EL	=	electricity
FEED	=	feeder
FUR	=	furnace
GF	=	glass fibre (= fiber)
GRP	=	glass fibre reinforced plastics
HIST	=	historical
HM	=	hand-made
IS	=	IS Machine
MIN	=	mineral
OPT	=	optical
REF	=	refractories
f.	=	feminine
m.	=	masculine
n.	=	neuter or noun
pl.	=	plural
s.	=	see
v.	=	verb

A

Abbe value Abbésche Zahl *f.*

aberration (of a lens) Linsenabweichung *f.*

abrasion Abrieb *m.*, Abschürfung *f.*, ~ **resistance** Abriebfestigkeit *f.*, Reibfestigkeit *f.*

abrasive (material) Schleifmittel *n.*, ~ **belt** Schleifgurt *m.*, -band *n.*, ~ **powder** Schleifpulver *n.*

absorbance (= absorbency) Absorptionsvermögen *n.*, dekadische Extinktion *f.*

absorbing (or **absorbent**) **spectacle glass** absorbierendes Brillenglas *n.*

absorption Absorption *f.*, ~ **coefficient** Absorptionskoeffizient *m.*, ~ **spectrum** Absorptionsspektrum *n.*

absorptivity Absorptionsvermögen *n.*

accelerated test Kurzzeitversuch *m.*

accelerator GRP Beschleuniger *m.*

acceptance, ~ **level** (quality control) Abnahmegrenze *f.*, ~ **test** Abnahmeprüfung *f.*

accumulation Ablagerung *f.* Ansammlung *f.*, Anhäufung *f.*

achromatic quartz fluorite lens Quarzfluoritachromatlinse *f.*

achromatism Achromasie *f.*, Achromatismus *m.*

acid Säure *f.*, sauer, ~ **-etched glass** DEC säuremattes Glas *n.*, ~ **etching** Säureätzung *f.*, Säuremattierung *f.*, ~ **-frosted glass,** s. acid-etched glass, ~ **frosting** s. acid etching

acidity Azidität *f.*

acid, ~ **polish** v. säurepolieren, ~ **polish(ing)** *n.* Säurepolitur *f.*, ~ **-proof** säurefest, säurebeständig, ~ **refractories** REF saures feuerfestes Material *n.*, ~ **resistance** Säurebeständigkeit *f.*, ~ **-resistant** säurefest, -beständig

ACL (= applied ceramic (colo(u)r) label or lettering) Daueretikett *n.*, keramisches Farbetikett *n.*

ACL lug Zentriernocken *m.* für Daueretikett

acoustical, ~ **board** GF Schalldämmplatte *f.*, ~ **insulation** Schallisolierung *f.*, ~ **material** Schallschluck(isolier)material *n.*, ~ **tile** s. acoustical board

actinic light aktinisches Licht *n.*

activator GRP Beschleuniger *m.*

actuator Ventilknopf *m.* (für Aerosolflaschen)

adhesive Klebstoff *m.*, Klebemittel *n.*, Haftmittel *n.*

adjust verstellen, einstellen

adsorbency Adsorptionsvermögen *n.*

adsorption Adsorption *f.*

Aerocor GF (Warenzeichen von Owens-Corning Fiberglas) Isolierung aus sehr feinen Glasfasern

aerograph Aerograph *m.*

aerosol bottle Aerosolflasche *f.*

agate burnisher DEC Achatpolierstein *m.*

age v. altern, *n.* Alter *n.*

aging Alterung *f.*

agitator Rührer *m.*, Rührwerk *n.*

air Luft *f.*, Druckluft *f.*, Preßluft *f.*, ~ **bell** Luftblase *f.*, ~ **brush** DEO Aerograph *m.*, ~ **bubble** Luftblase *f.*, ~ **cock** Lufthahn *m.*, ~ **conditioning** Klimatisierung *f.*, ~ **-conditioning system** (or **plant**) Klimaanlage *f.*, ~ **-control butterfly** FUR Luftklappe *f.*, ~ **-control valve** Luftkontrollventil *n.*, ~ **cooling** Luftkühlung *f.*, ~ **drive** Luftantrieb *m.*, ~ **duct** Luftkanal *m.*, Fuchs *m.*, ~ **exhaust** Luftaustritt *m.*, ~ **exit** (**hole**) s. air exhaust, ~ **filter** GF Luftfilter *n.*, ~ **filtration** Luftfilterung *f.*, ~ **inhibition** GRP Luftverzögerung *f.*, (= Klebrigbleiben der Oberfläche durch Luftsauerstoff) ~ **intake** Luftansaugrohr *n.*, ~ **lake** (nicht runde) Luftblase *f.*, ~ **leakage** Falschlufteintritt *m.*, Luftaustritt *m.*, ~ **quenching** Luftabschreckung *f.*, ~ **regenerator** FUR Luft(regenerativ)kammer *f.*, ~ **regenerator flue** Luftwechselkanal *m.*, ~ **regulator** Luftregler *m.*, ~ **-relief valve** Luftsicherheitsventil *n.* ~ **space** (Luft)Zwischenraum *m.*, ~ **-tight joint** (or **seal**) luftdichter Verschluß *m.*, ~ **uptake** (or **downtake**) Luftschacht *m.* (im Brenner)

alabaster glass Alabasterglas *n.*

albite MIN Albit *m.*

alcohol Alkohol *m.*

alcove FUR Vorbau *m.* an der Owens-Wanne, an dem die Rinne zum Drehtank ansetzt

alkali Alkali *n.*, ~ (**containing**) **glass** alkalihaltiges Glas *n.*, ~ **-free glass** alkalifreies Glas (= E-Glas) *n.*, ~ **metals** Alkalimetalle *n. pl.*

alkaline alkalisch, ~ **earths** Erdalkalien *n. pl.*

alkali-resisting alkalibeständig

all-electric furnace vollelektrisch beheizter Schmelzofen *m.*

all-glass work Ganzglasarbeit *f.*

alternating current (= A.C.) Wechselstrom *m.*

alumina Tonerde *f.*, ~ **glass** tonerdehaltiges Glas *n.*, ~ **-silica block** REF Tonerde-Silikatstein *m.*, Schamottestein *m.*,

alumin(i)um, ~ **cap** Aluminiumkappe *f.*, ~ **foil cap** Aluminiumdeckel *m.* (für Milchflaschen)

aluminosilicate, ~ **glass** Tonerdesilikatglas *n.*, Alum(in)osilikatglas *n.*, ~ **refractories** Aluminosilikat *n.*, Tonerdesilikat *n.*

amber glass goldgelbes Glas *n.*, Braunglas *n.*

ambient (**air**) **temperature** Außenlufttemperatur *f.*, Raumtemperatur *f.*

ammonia Ammoniak *n.*

ammonium bichromate (= ~ dichromate) Ammoniumbichromat *n.*

amphoteric oxide amphoteres Oxyd *n.*

ampoule Ampulle *f.*

analysis Analyse *f.*, ~ **of fracture** Bruchanalyse *f.*, ~ **of silicates** Silikatanalyse *f.*

anchor Anker *m.*

anchoring FUR Verankerung *f.*

ancient glasses (ur)alte Gläser *n. pl.*

andalusite MIN Andalusit *m.*

anelastic behavio(u)r anelastisches Verhalten *n.*

anelasticity Anelastizität *f.*

angular check DEF schräger Riß *m.*

anhydrite (Gips-) Anhydrit *m.*

anneal kühlen, entspannen

annealed glass gekühltes Glas *n.*, entspanntes Glas *n.*

annealing, ~ **grade** Kühlstufe *f.*, ~ **lehr** Kühlofen *m.*, Kühltunnel *m.*, ~ **point** (= A.P.) obere Kühltemperatur *f.*, oberer Kühlpunkt *m.* (bei $10^{13.4}$ poise), ~ **range** Kühlbereich *m.* (zwischen dem oberen und unteren Kühlpunkt), ~ **tunnel** Kühltunnel *m.*, Kanalkühlofen *m.*, Strakou *m.*

anorthite MIN Anorthit *m.*

anti-dazzle glass Blendschutzglas *n.*

antimony (oxide) Antimon(oxyd) *n.*, ~ **-flint glass** Antimonflint(glas) *n.*

antioxidant oxydationshemmendes Mittel *n.*

antique glass Antikglas *n.*

antireflection coating (or **film**) aufgedampfte, reflexionsvermindernde Schicht *f.*

aplite Aplit *m.*

applicator pad Schmälzekissen *n.*

applied, ~ **ceramic (colo(u)r) label** Daueretikett *n.*, keramisches Farbetikett *n.*, ~ **threads** DEC Fadenauflage *f.*

aquamarine glass Aquamaringlas *n.*

aqua regia CHEM Königswasser *n.*

aquarium glass Aquariumglas *n.*

arc spectrography Funkenspektroskopie *f.*

arch v. einen Hafen antempern, *n.* Bogen *m.*, Gewölbe *n.* (eines Hafenofens, eines Brenners), ~ **brick** Gewölbestein *m.*

architectural, ~ **enameled glass panels** Bauglasplatten *f. pl.* mit keramischem Farbüberzug, ~ **glass** Bauglas *n.*

aromatic hydrocarbons (= aromatics) aromatische Stoffe *m. pl.*

arris Schneidkanten abgraten

arsenic Arsen *n.*

arsenious oxide Arsenoxyd *n.*

art glass Kunstglas *n.*

art of making glass (= glassmaking) Glasmacherkunst *f.*

asbestos Asbest *m.*

asphaltic varnish Asphaltlack *m.*

aspirate (ein)saugen, ansaugen

aspirating pyrometer Absaugethermoelement *n.*

aspirator burner Saugbrenner *m.*

ASTM (= American Society for Testing Materials) Amerikanische Materialprüfungsgesellschaft *f.*

atomic radiation resistant (or **absorbing**) **glass** atomstrahlensicheres Glas *n.*, Atomstrahlenschutzglas *n.*

atomize zerstäuben

atomizer Zerstäuber *m.*

atomizing, ~ **burner** Zerstäuberbrenner *m.*, ~ **nozzle** Zerstäuberdüse *f.*, ~ (or **atomization**) **nut** Zerstäubermutter *f.*

attack on refractory material Angriff *m.* des Glases auf das feuerfeste Material

attenuate GF ziehen, ausziehen, auch dämpfen, dämmen

attenuating zone GF Ziehzone *f.*

attenuation GF 1. Dämmung *f.* (= Schallabsorption) *f.*, 2. Ausziehen *n.* (von Fasern)

audion Elektronenröhre *f.*

auto block Sicherheitsglas *n.* (das in der geschnittenen Größe verbunden wird)

autoclave Autoklav *m.*

auto(mobile) glass Glas *n.* für Fahrzeuge, Sicherheitsglas *n.*

auto, ~ **glazing** Autoverglasung *f.*, ~ **pattern** Sicherheitsglas *n.*, das vor dem Verbund nach einer Schablone geschnitten wird

automatic, ~ga(u)ging and detecting machine automatische Prüf- und Sortiermaschine *f.*, **~ plug ga(u)ger** (or **tester**) automatischer Stöpselprüfer *m.*, **~ tube cutter** Röhrenschneidautomat *m.*

aventurine Aventurin *m.*

awning Vordach *n.*

axis Achse *f.*, Mittellinie *f.*

axle Achse *f.* (= mechanische Achse)

B

babinet compensator Babinet-Kompensator *m.*

baby bottle Kindermilchflasche *f.*

back, ~lapping DEF unregelmäßige Farbverteilung *f.* (beim Dauer-etikett), **~ pressure** Rückstau *m.* **~ wall** FUR Rückwand *f.*, Einlegewand *f.*

baffle IS Vorformboden *m.*, **~ mark** DEF ausgeprägte Vorformbodennaht *f.*, Vorformbodennarbe *f.*, **~ wall** (= shadow wall) Schattenwand *f.*, Brennerschwelle *f.*

bag v. einsacken, *n.* Sack *m.*, Tüte *f.*

bait Fangtafel *f.*, Fangstück *n.*

bake brennen, einbrennen

bakelite Bakelit *n.*

balance Waage *f.*

balanced yarn GF ausgeglichener Zwirn *m.*, kompensierter Zwirn *m.*

ball, ~ bearing Kugellager *n.*, **~ check valve** Kugelventil *n.*, **~ clay** plastischer Ton *m.*, Steingutton *m.*, **~ mill** Kugelmühle *f.*

ballottini Ballottini *n.* pl. (= kleine Glasperlen)

ball point micrometer Mikrometer *n.* mit Kugelspitze

baluster glass (HIST) Balusterglas *n.*, Glas *n.* mit geschwungenem Stiel

band DEC rändern

banding *n.* Rändern *n.*, Bandschliff *m.*, Banddekoration *f.*, **~ wheel** Ränderscheibe *f.*, Reifelscheibe *f.*

bank (a furnace) (Ofen) kaltschüren

bare glass GF (aus der Düse tretendes) Glas *n.* ohne Bindemittel

barium Barium *n.*, **~ disilicate** Bariumdisilikat *n.*, **~ flint (glass)** Baritflint(glas) *n.*, **~ oxide** Bariumoxyd *n.*, **~ sulphate** (or **sulfate**) Bariumsulfat *n.*, Schwerspat *m.*

barometer Barometer *n.*

barrel Flaschenzylinder *m.*, Tubus *m.*

barytes Bariumsulfat *n.*, Schwerspat *m.*

basalt wool Basaltwolle *f.*

base Grundfläche *f.*, Fuß *m.*, Boden *m.* (eines Gefäßes), Fundament *n.*, Base *f.*, **~ of neck** Halsansatz *m.*, -anschluß *m.*, **~ sump** Ölpfanne *f.*

basic fibre (or **fiber**) Rohfaser *f.*, Spinnfaden *m.*

basicity Basizität *f.*

basic refractory material basisches (feuerfestes) Material *n.*

basket (of the bushing) GF Düsensieb *n.*, **~ -weave checker setting** FUR Korbgeflecht-Setzweise *f.* (der Kammerpackungen)

batch Gemenge *n.*, **~ bin** Gemengebunker *m.*, **~ blanket** Gemengedecke *f.*, Gemengeteppich *m.*, **~ bucket** Gemengekübel *m.*, **~ charger** Gemengespeiser *m.*, Gemengeeinlegevorrichtung *f.*

batch, ~**composition** Gemengezusammensetzung *f.*, Gemengesatz *m.*, ~ **dust** Gemengestaub *m.*, ~-**feeder** s. batch charger, ~ **feeding** Gemengeeinlegung *f.*, ~ **formula** Gemengesatz *m.*, ~**handling** Transport *m.* und Lagerung *f.* von Gemenge, ~ **hopper** Gemengebunker *m.*, ~ **house** Gemengeanlage *f.*, Gemengekammer *f.*, Gemengehaus *n.*, ~ **lump** Gemengehaufen *m.*, ~ **mix** Gemengemischung *f.*, ~ **mixer** Gemengemischer *m.*, auch Gemengemacher *m.*, ~ **pile** (or **heap**) Gemengehaufen *m.*, ~ (**preparation**) **plant** Gemengeanlage *f.*, Gemengekammer *f.*, ~ **stones** DEF Steinchen *n.* pl. aus dem Gemenge, Gemengesteinchen

batt GF Filz *m.*, Matte *f.*

batter DEF „gehämmerte‟ Oberfläche *f.* bei gezogenem Glas

battery separator Akkumulatortrennplatte *f.*, Batterietrennplatte *f.*

battledore MB Plätteisen *n.*

bauxite Bauxit *m.*

bayonet lock cap Bajonettverschluß *m.*

beacon Signallampe *f.*, Bake *f.*, Leuchtbake *f.*

bead Perle *f.*, Rand *m.*, Wulstrand *m.*, auch Halsring *m.* einer Flasche, ~ **break** GF Abreißen *n.* des Spinnfadens (während des Spinnens durch Tropfenbildung)

beaker CHEM Becherglas *n.*

beam 1. Strahl *m.*, 2. Baum *m.* (des Webstuhls), ~ **of light** Lichtstrahl *m.*

bearer arch FUR Schlitzbogen *m.*

bearing Lager *n.* (mech.), ~ **circle** (or **surface**) Standfläche *f.*, Standkranz *m.*

bed, ~ **joint** FUR waagerechte Fuge *f.* beim Ofenbau, ~-**pan** Stechbecken *n.*

beer, ~ **bottle** Bierflasche *f.*, ~ **mug** Bierseidel *n.*

beeswax DEC Bienenwachs *n.*

belt marks DEF Bandeindrücke, *m.* pl. Bandabdrücke *m.* pl.

bench Bank *f.*, Hafenbank *f.*, Gesäß *n.*

benchworker Lampenbläser *m.*

bench working Lampenarbeit *f.*

bend biegen (Glas)

bending, ~ **furnace** Biegeofen *m.*, ~ **test** Biegeprobe *f.*

bent verbogen, gebogen, krumm, ~ **finish** DEF verbogene Mündung *f.*, krumme Mündung *f.*, ~ **glass** gebogenes Glas *n.*, bombiertes Glas *n.*, ~ **neck** krummer Flaschenhals *m.*

beryllium glass Berylliumglas *n.*

bevel v. abschrägen, kantenbrechen abkanten, *n.* Abschrägung *f.*, ~ **cut(ting)** DEC (Keil-)Eckenschliff *m.*, Facettenschliff *m.*

beveled mirror (or **plate**) **glass** facettiertes Spiegelglas *n.*

beverage bottle Getränkeflasche *f.*

bifocal glass Zweistärkenglas *n.*

binary binär, Zweistoff-, ~ **glasses** Zweistoffgläser *n.* pl., binäre Gläser *n.* pl., ~ **system** Zweistoffsystem *n.*, binäres System *n.*

binder GF Bindemittel *n.*, Schlichte *f.*, Schmälze *f.*, ~ **gun** Bindemittel-Sprühdüse *f.*

binding, ~ **agent** s. binder, ~ **capacity** Bindevermögen *n.*

binocular Feldstecher *m.*, Fernglas *n.*, ~ **microscope** Binokular *n.*

"bird swing" (= bird cage) DEF „Affenschaukel" *f.*, Schneider *m.*

birefringence Doppelbrechung *f.*

birefringent doppelbrechend

bismuth glass Wismuthglas *n.*

bituminized paper GF Bitumenpapier *n.*, Unterlaufpapier *n.*

bituminous bituminös, pechhaltig, ~ **coal** Steinkohle *f.*, ~ **paint** Asphaltanstrich *m.*, ~ **paper** s. bituminized paper

black glass Schwarzglas *n.*

blank Rohling *m.*, Preßling *m.*, Preßlinse *f.*, Vorformling *m.*, Külbel *n.*, Motz *m.*, auch abgekürzt für **blank mo(u)ld** Vorform *f.*, und **blank test sample** Blindprobe *f.*, Kontrolle *f.*

blanket GF (Glaswolle-) Matte *f.*, ~ **feed** Dünnschichteinlage *f.*, Teppicheinlage *f.*

blank mo(u)ld Vorform *f.*, Füllform *f.*, Saugform *f.*

blast, ~ **furnace** Blasofen *m.*, Gebläse(schacht)ofen *m.*, Hochofen *m.*, ~ **gas** Gichtgas *n.*, ~ ~ **slag** Hochofenschlacke *f.*

blend (innig) mischen, *n.* Mischung *f.*

blibe DEF (mittelgroße) Blase *f.*

blister DEF (größere) Blase *f.*

blistering DEF ACL Blasenbildung *f.*

blistery glass schäumiges, blasiges Glas *n.*

bloach DEF grau (Polierfehler)

block v. 1. motzen, wolgern, wulgern, marbeln, 2. blasen, bülwern (= poling), pülvern, 3. vergüten, veredeln, 4. einkitten (von optischen Preßlingen), 5. kaltschüren, *n.* Block *m.*, Stein *m.* (aus feuerfestem Material) Wulgerform *f.*, ~ **mo(u)ld** ein-

teilige Form *f.*, Model *f.*, Motze *f.*, Wulgerholz *n.*, ~ **reek** (or **rake**) DEF Polierkratzer *m.*, Polierkette *f.* (= Polikette *f.*)

bloodstone burnisher Blutstein(polierwerkzeug) *m.* (*n.*)

bloom 1. Kühlofenbe(sch)lag *m.*, Beschlag *m.*, Hüttenrauch *m.*, 2. aufgedampfte, reflexionsvermindernde Schicht *f.*

blow (glass) Glas blasen, ~ **-and-blow process** Blas-Blaseverfahren *n.*, ~ **back** v. vorblasen, *n.* Vorblasen *n.*, ~ **down** *n.* festblasen, *n.* Festblasen *n.*

blower Gebläse *n.*

blow head Blaskopf *m.*

blowing, ~ **burner** GF Gebläsebrenner *m.*, Druckbrenner *m.* (zum Ausziehen von Fasern), ~ **iron** Glasmacherpfeife *f.*, ~ **wool** GF Blaswolle *f.*

blow mo(u)ld Fertigform *f.*

blown, ~ **glass** geblasenes Glas *n.*, ~ **sheet glass** geblasenes Tafelglas *n.*

blow over verlorener Kopf *m.* (bei Mundblasartikeln), Absprengkappe *f.*

blowpipe (= blowing iron) Glasmacherpfeife *f.*

blue glass Blauglas *n.*

board 1. Platte *f.*, Brett *n.*, 2. Kollegium *n.*, Rat *m.*

boat Schiffchen *n.*

bobbin GF Spule *f.*

body defects Glasfehler *m.* pl., die unabhängig vom Verarbeitungsprozeß sind

body of a bottle Flaschenkörper *m.*, Flaschenzylinder *m.*

BOH (= bushing operating hour(s)) GF Arbeits- oder Betriebszeit *f.* der Düse in Stunden

Bohemian glassware böhmisches Glas *n.*

boil v. kochen, aufschäumen, DEF *n.* Blase *f.*

boiler (Dampf-)Kessel *m.*

boil up bülwern, pülvern

bond Bindung *f.*, ~ **angle** Bindungswinkel *m.*

bonded, ~ **mat** GF Glasfaservlies *n.*, ~ **refractories** keramisch gebundenes feuerfestes Material *n.*

bonding capacity Bindevermögen *n.*

bond(ing) strength Bindungsfestigkeit *f.*

bond refractions Bindungsrefraktionen *f.* pl.

bone ash Knochenerde *f.*

booster flame Zusatzflamme *f.*

boosting Zusatzbeheizung *f.*

boot(leg) 1. Stiefel *m.*, 2. Vorherd *m.* (beim Glaskugelofen)

borate glass Borglas *n.*, Boratglas *n.*

borax Borax *m.*, ~ **glass** Boraxglas *n.*

border etching Saumätzung *f.*

bore Bohrung *f.*, Loch *n.*, lichte Mündungsweite *f.*, Mündungsöffnung *f.*

boric acid Borsäure *f.*

boron Bor *n.*

borosilicate, ~ **crown (glass)** Borsilikatkron(glas) *n.*, Borkron(glas) *n.*, ~ **flint glass** Borsilikatflint(glas) *n.*, ~ **glass** Borsilikatglas *n.*

bottle v. abfüllen (in Flaschen), *n.* Flasche *f.*, Flakon *m.*, ~ **-blowing machine** Flaschenblasmaschine *f.*, ~ **neck** 1. Flaschenhals *m.*, 2. Engpaß *m.*, ~ **opener** Flaschenöffner· *m.*

bottler Abfüller *m.*, Abfüllmaschine *f.*

bottle washer (= ~ -washing machine) Spülmaschine *f.* für Flaschen, Flaschenspülmaschine *f.*

bottling Flaschenabfüllung *f.*

bottom Boden *m.* (einer Flasche, Wanne o. dgl.), ~ **beams** FUR Trägerrost *m.*, ~ **block** REF Bodenstein *m.*, ~ **checks** DEF Bodenrisse *m.* pl., ~ **paving** REF Wannenbodenbelag *m.*, ~ **plate** IS Bodenplatte *f.*, Bodenform *f.*, Fertigformboden *m.*

boundary curve Grenzlinie *f.* (Phasendiagramm)

bow Krümmung *f.* bei gezogenem Glas

bowl Schüssel *f.*, Schale *f.*

box type regenerator FUR hochgezogene Regenerativkammer *f.* (ohne Brennerschächte)

bubbling potential Blasenläuterungsvermögen *n.*, Gaspotential *n.*, Blähungsvermögen *n.*

bracing (= anchoring) FUR Verankerung *f.*

braid GF v. flechten, *n.* geflochtene Schnur *f.*

braided sleeving GF geflochtener Schlauch *m.*

brass framing Messingverglasung *f.*

braze hartlöten

breakage Bruch *m.*

breakdown Zusammenbruch *m.*, Aufspaltung *f.*, Zerlegung *f.*, starke Produktionsstörung *f.*, auch nachträgliche Spätblasenentwicklung *f.* im Drehtank nach blasenfreier Schmelze, ~ **voltage** Durchschlagspannung *f.*

breaking, ~ **load** Bruchbelastung *f.*, ~ **strength** Bruchfestigkeit *f.*, Reißfestigkeit *f.*, ~ **stress** Bruchbeanspruchung *f.*

breast wall FUR Oberbauseitenwand *f.*, Ringmauer *f.*

breezing Sand- oder Koksbelag *m.*
der Hafenbänke

brewster Brewster (= Einheit zur
Bezeichnung des spannungsopti-
schen Koeffizienten)

brick (Ziegel-)Stein *m.*

bridge, ~ **cover** Brückenabdeck-
platte *f.*, ~ (**wall**) FUR Brücke(n-
wand) *f.*

bright glänzend, hell, klar, leuch-
tend, ~ **etching** (= clear etching)
Klarätzung *f.* (= Säurepolitur *f.*),
~ **gold** DEC Glanzgold *n.*,
~ **metal** DEC Glanzmetall *n.*

brightness Helligkeit *f.*, Brillanz *f.*,
Leuchtdichte *f.*

brilliancy (= brilliance) Brillanz *f.*

brilliant, ~ **cutter** DEC Glasschleifer
m., ~ **cutting** DEC Glasschleifen
n., -schneiden *n.*, -schliff *m.*,
-schnitt *m.*

brimful capacity (= overflow capacity) strichvoller Inhalt *m.*

Brinell hardness Brinellhärte *f.*

bring up antempern, anheizen,
aufheizen

briquetting of batch Gemenge-
brikettierung *f.*

bristle brush DEC Borstenrad *n.*

brittleness Sprödigkeit *f.*

broad glass Fensterglas *n.* (nach
dem veralteten Zylinderverfahren hergestellt)

broken finish DEF gebrochene
Mündung *f.*

bromine Brom *n.*

brown, ~ **coal** (= lignite) Braunkohle *f.*, ~ **glass** Braunglas *n.*

bruise checks DEF Stoßstellen *f.* pl.

brush Bürste *f.*, ~ **lines** DEF feine
Linien *f.* pl. (bei gezogenem

Glas), ~ **marks** DEF senkrechte
Falten *f.* pl. am Flaschenhals

B.T.U. (= British Thermal Unit)
Britisches (und US) Maß für
Wärmeeinheit

bubble DEF 1. Blase *f.*, Bläschen *n.*,
2. Luftsack *m.* (im Külbel),
Überkapazität *f.*, ~ **count(ing)**
Bläschenzählung *f.*

bubbler (tube) Blasenrohr *n.* (zur
künstlichen Erzeugung von Blasen als Läutervorgang)

bubbling Blasenbildung *f.*, ''Blub-
bern'' *n.*

buckstay FUR Ankersäule *f.*, Pfeiler *m.*

buff blankpolieren

building glass Bauglas *n.*

build up v. anhäufen, ansammeln,
n. Anhäufung *f.*, Ansammlung *f.*
schlechte Materialverteilung *f.*

bulb, ~ **edge** Wulstkante *f.*, Borte
f. (von Fensterglas), ~ **thermometer** Kugelthermometer *n.*

bulged finish DEF aufgeblasene
Mündung *f.*, gewölbte Mündung *f.*

bulk density (= bulk weight)
Schüttgewicht *n.*, Massendichte *f.*

bullet-proof glass (= bullet-resisting glass) kugelsicheres Glas *n.*,
Panzerglas *n.*

bull's eye, ~ (**glass**) **window** But-
zenscheibe(nglas) *f.* (*n.*), Bull-
auge *n.*, ~ **patterned glass** But-
zenglas *n.* (= Ornamentglas *n.*)

bump stoßen, schlagen, auch
entgasen

bunker-C-oil Bunker-C-Öl *n.*

bunsen burner Bunsenbrenner *m.*

buoyancy Auftrieb *m.*, Schwimm-
vermögen *n.*

burette CHEM Bürette *f.*

burn verbrennen, brennen

burned (= burnt) **dolomite** gebrannter Dolomit *m.*

burner Brenner *m.*, Maschinenbrenner *m.*, ~ **block** Düsenplatte *f.*, Düsenstein *m.*, ~ **nozzle** Brennerdüse *f.*, ~ **tip** Brennerdüse *f.*

burning, ~ **glass** Brennglas *n.* ~ **point** Brennpunkt *m.*

burnished, ~ **gold** DEC Poliergold *n.*, Glanzgold *n.*, ~ **metal** (= bright metal) DEC Glanzmetall *n.*, ~ **silver** Poliersilber *n.*, Glanzsilber *n.*

burnish sand Poliersand *m.*

burn off absprengen, abbrennen, abschmelzen

burnt lime gebrannter Kalk *m.*

burr abgraten

burst(ing) pressure Berstdruck *m.*

bursting strength Berstdruckfestigkeit *f.*, Innendruckfestigkeit *f.*

burst off absprengen

bush (= orifice ring) Öffnungsring *m.*, Speiserring *m.*, Tropfring *m.*

bushing (Spinn-)Düse *f.* für Glasfasern, Buchse *f.*, Büchse *f.*, ~ **block** Düsenplatte *f.*, ~ **blower** Gebläse *n.* (zum Ausziehen der Glasfasern), ~ **screen** Düsensieb *n.*, ~ **tip** Düsennippel *m.*, ~ **well** Düsenkörper *m.*

butterfly damper Luftklappe *f.*

button Knopf *m.*, Nocken *m.* (der Schaltwalze IS), **O-button** IS niedriger Nocken *m.*, **X-button** IS hoher Nocken *m.*

C

cabled yarn GF Mehrfachzwirn *m.*
cabling GF erneutes Fachen *n.* von bereits gefachten Garnen

cadmium, ~ **borate glass** Cadmiumboratglas *n.*, ~ **sulfide** Cadmiumsulfid *n.*

cage-cup (= cage-glass) HIST Diatretglas *n.*, "vas diatretum" *n.*

calcia (= calcium oxide) Kalziumoxyd *n.*

calcite Kalkspat *m.*

calcium Kalzium *n.* (= Calcium), ~ **hydroxide** Kalziumhydroxyd *n.*, gelöschter Kalk *m.*, ~ **oxide** Kalziumoxyd *n.*, Ätzkalk *m.*, ~ **silicate** Kalziumsilikat *n.*

calc-spar s. calcite

calibrate eichen

calibration Eichung *f.*, ~ **sample** Eichsubstanz *f.*

caliper ga(u)ge Rachenlehre *f.*

calipers Stärkenmesser *m.*

calorific value Heizwert *m.*, Verbrennungswärme *f.*, **gross** or **upper** ~ ~ oberer Heizwert *m.*, **net** ~ ~ unterer Heizwert *m.*

calorimetry Kalorimetrie *f.*, Wärmemessung *f.*

cam Kurve(nscheibe) *f.*, Nocken(scheibe) *m.* (*f.*), Steuerkurve *f.*

came Bleisprosse *f.* (für Bleiverglasung), Bleirute *f.*

cameo Kamee *f.*, ~ **cut(ting)** Kameenschnitt *m.*, ~ **glass** Kameenglas *n.*, ~ **incrustations** Kameeninkrustationen *f.* pl.

cam follower Kurvenrolle *f.*

campaign (= furnace campaign) Ofenreise *f.*

cam shaft Kurvenwelle *f.*

canal Kanal *m.* (Verbindung von Arbeitswanne und Maschine bei Fensterglasöfen)

cane (glass) Stangenglas *n.*, Stabglas *n.*

canister Vorratsgefäß *n.*

cannon Standard-Rundflasche *f.* 1/2 oz., 1 oz., 2 oz. für Gewürze, **~ pot** (= skittle pot) Hafen *m.* für kleine Glasmengen

cap v. 1. verschließen, 2. das zusammenhängende Glasband in Längen abschneiden, *n.* 1. Verschluß *m.*, Kappe *f.*, Deckel *m.*, auch Absprengkappe *f.*, 2. Gewölbe *n.*

capacitor Kondensator *m.*, Kapazität *f.*

capacity 1. Inhalt *m.* (von Gefäßen) (füllvoll), Fassungsvermögen *n.* 2. Leistungsfähigkeit *f.*, Kapazität *f.*

cap, **~ ga(u)ge** Mündungslehre *f.*, **~ liner** Dichtungsscheibe *f.*, Verschlußeinlage *f.*

capper (= capping machine) Verschließmaschine *f.*

cap seat Auflage *f.* für Pappscheibe (bei der Milchflasche)

capsule Kapsel *f.*, Verschlußkapsel *f.*

captive closure unverlierbarer Verschluß *m.*

carbon Kohlenstoff *m.*

carbonation pressure Imprägnierdruck *m.*

carbon, **~ black** Gasruß *m.*, **~ dioxide** Kohlendioxyd *n.*, **~ -lined mo(u)ld** Kohleform *f.*, graphitierte Form *f.*, Graphitform *f.*, **~ monoxide** Kohlenmonoxyd *n.*, **~ (-sulphur) amber glass** Kohlegelbglas *n.*

carborundum Karborundum *n.*, Siliziumkarbid *n.*, **~ cutting wheel** Karborundumscheibe *f.*

carboy Ballon *m.*, Großglas *n.*, **~ in wicker basket** Korbflasche *f.*

card GF v. krempeln, *n.* Krempel *f.*

cardboard, **~ carton** (= paperboard carton) Pappkarton *m.*, **~ disk** (or **disc**) Pappscheibe *f.* (für Milchflaschen)

carding Krempeln *n.*

carnegieite MIN Carnegieit *m.*

carry, **~ in** eintragen (von ungekühltem Glas in den Kühlofen), pflegen, **~ -over** Gemengestaub *m.*

carton Karton *m.* **~ gluing machine** Kartonklebemaschine *f.*, **~ partition assembler** Maschine *f.* zum Zusammenstecken der Kartonstege, **~ sealer** s. ~ gluing machine

case v. überfangen, *n.* Karton *m.*, Kiste *f.*, Kasten *m.*

cased glass DEC Überfangglas *n.*, **~ ~ cutting** DEC Überfangschliff *m.*

case hardened glass (= tempered glass) vorgespanntes, gehärtetes Glas *n.*, Hartglas *n.*

casement, **~ cloth** GF Vorhangstoff *m.*, **~ wall** or **casingwall** (= breast wall) Oberbauseitenwand *f.*, Ringmauer *f.*

casing *n.* Überfangen *n.*

cassiterite Zinnoxyd *n.*

cast v. gießen, *n.* Guß *m.*

castable refractories (= castables) feuerfeste Gußmassen *f.* pl., gießbares Material *n.*

cast glass Gußglas *n.*

casting Gießen *n.*, Gußstück *n.*, **~ ladle** Gießlöffel *m.*, Gießkelle *f.*, **~ machine** Gieß-, Walzmaschine *f.*, **~ roller** Gußwalze *f.*, **~ table** Aufgußtisch *m.*, Gießtisch *m.*

cast iron Guß(eisen) *m.* (*n.*)

cat eye (= cat's eye) DEF Blase *f.* (von länglich ausgezogener Form) auch Wasserwaage *f.*

cat scratch DEF Kratzer *m.*
cathedral glass Kathedralglas *n.*
cathode-ray tube Kathodenstrahlröhre *f.*
catral lens Katralglas *n.*
caustic, ~ lime Ätzkalk *m.*, **~ soda** Ätznatron *n.*
cavitation REF Hohlsog *m.*, Lunkerbildung *f.*
cavity Hohlraum *m.*, Lunker *m.*
ceiling board GF Deckenplatte *f.* (schallschluckend)
cellular glass Schaumglas *n.* (mit offenen Zellen)
cellulating agent zellenbildendes Mittel *n.*
cellulose seal Schrumpfkapsel *f.*
cement Zement *m.*
centre (= center) v. zentrieren, *n.* Mittelpunkt *m.*, **~ drain revolving pot** FUR Drehtank *m.* mit Überlauf, **~ line** Achse *f.*, Mittellinie *f.*, **~ of gravity** Schwerpunkt *m.*, **~ scar** DEF Talerboden *m.*
centrifugal casting Rotationsguß *m.*, Schleuderguß *m.*
cerametals s. cermets
ceramic colo(u)r (= ceramic paint) keramische (Druck-)Farbe *f.*
ceramics Keramik *f.* (als Wissenschaft, einschl. Glaskunde)
cerise glass (= ruby glass) Rubinglas *n.*
cerium Cer *n.* **~ oxide** (= ceria) Ceroxyd *n.*
cermets (= metal ceramic composites) Metallkeramostoffe *m.* pl., Metallkeramik *f.*
chain Kette *f.*, **~ belt** Drahtgeflechtband *n.*, **~ marks** DEF Bandein-(oder -ab-)drücke *m.* pl.
chair (= glassblower's chair) Glasmacherbank *f.*, -stuhl *m.*, auch Arbeitsgruppe *f.*, -kolonne *f.* von Glasbläsern
chairman (= gaffer) Glasmachermeister *m.*, Fertigmacher *m.*
chair work Stuhlarbeit *f.*
chamfer abkanten, abschrägen
chandelier drops Kronleuchterbehang *m.*
change-over (= reversal) Umsteuerung *f.*, Feuerwechsel *m.*
channel 1. Kanal *m.*, Rinne *f.*, Speiserkanal *m.*, Drehwannenrinne *f.*, Tankrinne *f.* (Owens-Maschine), 2. U-Eisen *n.*, **~ block** REF Durchlaßstein *m.*, Kanalstein *m.*
channeling FUR Kurzschlußströmungen *f.* pl. in der Glasschmelze
charge v. beladen, belasten, beschicken, einlegen (Gemenge in den Ofen), *n.* Gemengecharge *f.*, Charge *f.*
check (= smear) DEF Oberflächenriß *m.*, **~ damper** (= stack damper) Kaminschieber *m.*
checked, ~ base DEF gerissener Halsansatz *m.*, **~ bottom** DEF Bodenrisse *m.* pl.
checker (brick) FUR Kammerstein *m.*, Kammerschlichter *m.*
checkers FUR Kammerpackungen *f.* pl., Gitterwerk *n.*, auch Kammern *f.* pl.
checker, ~ setting Kammersetzweise *f.*, **~ work** Gitterwerk *n.*, Kammerpackung *f.*, Kammerausgitterung *f.*
check valve Absperrventil *n.*
chemical glass(ware) Geräteglas *n.*, Apparateglas *n.*
chemically pure chemisch rein
chemical polishing (= acid polishing) Säurepolieren *n.*

chemical,~properties chemische Eigenschaften *f.* pl., ~ **resistance** (= ~stability) chemische Beständigkeit *f.*, Resistenz *f.*
chill abschrecken, abkühlen
chilling effect Abschreckwirkung *f.*
chill mark DEF Falte *f.*, Kühlfalte f., Preßrunzel oder -narbe *f.*
chimney Kamin *m.*, Schornstein *m.*, Schlot *m.*, ~ **packing** FUR Glattschachtpackung *f.*
china clay Kaolin *n.*
chipped finish DEF gesplitterte Mündung *f.*
chlorine Chlor *n.*
choke DEF enge Mündung *f.*, verengte Mündung *f.*, Pegelkleber *m.*
choked bore DEF = choked neck = choke
chopped strand GF Stapelseide *f.*
chopper GF (= guillotine) Schlagmesser *n.*
chroma Sättigung *f.* (Farbenlehre Munsell)
chromaticity, ~ **coordinates** Farbkoordinaten *f.* pl., ~ **diagram** Farbdiagramm *n.*, Farb(en)dreieck *n.*, Farbtafel *f.*
chrome Chrom *n.*, ~ **aventurine** Chromaventuringlas *n.*, ~ **-magnesite brick** REF Chrom-Magnesitstein *m.*, ~ **silica brick** REF Chrom-Silikastein *m.*
chromium (= chrome) Chrom *n.*, ~ **(oxide colo(u)red) glass** Chromglas *n.*, ~ **-nickel steel** Chrom-Nickelstahl *m.*, ~ **oxide** Chromoxyd *n.*, ~ **plate v.** verchromen, ~ **plating** Verchromung *f.*, Verchromen *n.*, ~ **steel** Chromstahl *m.*
chromophore (group) Farbträger-(gruppe) *m.* (*f.*)

chunk glass Glasbrocken *m.* pl. (optische Glasbrocken nach dem Zerlegen eines Hafens)
chute Rutsche *f.*, Rinne *f.*
circuit breaker Stromunterbrecher *m.*, (Aus-)Schalter) *m.*
circular chart recorder Kreisblattschreiber *m.*
clamp, ~ **cylinder** IS (Formen-)Zuhaltezylinder *m.*, ~ **sleeve** IS Pegelkammer *f.*, Stempelklammer *f.*
claw beaker Rüsselbecher *m.*
clay Ton *m.*, ~ **pot** Tonhafen *m.*, Hafen *m.* aus Ton
clean-out panel FUR Kammerspiegel *m.*
clear, ~ **etching** Klarätzung *f.*, Blankätzung *f.*, -ätzen *n.*, Säurepolitur *f.*, ~ **(cathedral) glass** Klarglas *n.*
clerestory window Oberlicht *n.*
clinical thermometer Fieberthermometer *n.*
cloche Glaszelt *n.*
clock glass Uhrglas *n.*
close down (a furnace) (= shut down) v. einen Ofen löschen, stillegen, *n.* Löschung *f.*, Stilllegung *f.*
closed pot geschlossener Hafen *m.*, gedeckter Hafen *m.*, Kappenhafen *m.*
close-grained feinkörnig
closure Verschluß *m.*, Deckel *m.*, ~ **fitments** Zubehörteile *m.* pl. zum Verschluß
cloth GF Gewebe *n.*
clouding of a lens Linsentrübung *f.*
coarse, ~ **fibre** GF grobe Faser *f.*, ~**hackle** grobe Rauhigkeit *f.* (nach Smekal beim Bruchbild)
coat v. überziehen, anstreichen, *n.* Überzug *m.*, Anstrich *m.*

coating *n.* Überziehen *n.*, Anstreichen *n.*, Überzug *m.*, Anstrich *m.*

cobalt Kobalt *n.*, ~ **glass** Kobaltglas *n.*, ~ **oxide** Kobaltoxyd *n.*

cocked finish DEF schiefe Mündung *f.*

coefficient, ~ **of (thermal) expansion** Ausdehnungskoeffizient *m.*, ~ **of flow** Fließkoeffizient *m.*, ~ **of friction** Reibungskoeffizient *m.*, ~ **of heat transfer** (= ”U“) Wärmedurchgangszahl *f.*, ~ **of thermal conductivity** (= ”k“) Wärmeleitkoeffizient *m.*, Wärmeleitzahl *f.*

coil (elektrische) Spule *f.*, Schlange *f.*

coke oven gas Koksofengas *n.*

Colburn sheet process Colburn-Verfahren *n.*

cold Kälte *f.*, Frost *m.*, kalt, ~ **checks** DEF Schrennrisse *m.* pl., Kaltrisse *m.* pl., auch Prüfungen *f.* pl. an kalten Gegenständen, ~ **colo(u)r** (ACL) Naßfarbe *f.*, ~ **end operations** Arbeitsvorgänge *m.* pl. am Glas nach Verlassen des Kühlofens (Sortieren, Verpacken usw.), ~ **-etching salt** Kaltätzsalz *n.*, ~ **junction** Kaltlötstelle *f.*, kalte Lötstelle *f.*, ~ **painting** Kaltmalerei *f.* (ohne Einbrennen), ~ **repair** FUR Kaltreparatur *f.*, ~ **-storage room** Kühlraum *m.*, Kühlhalle *f.*

(collapsible) tube Tube *f.*

collar HM (= ring) Kranz *m.*, Ring *m.*

collection conveyor (= collecting conveyor) GF Auffangband *n.*

collet GF Spindel *f.*, Spulkopf *m.*

colloidal silica kolloidale Kieselsäure *f.*

colorimetry Kolorimetrie *f.*

colo(u)r Farbe *f.*

colo(u)rant Farbmittel *n.*, Färbemittel *n.*, ~ **feeder** Färbungsspeiser *m.*, Färbungsfeeder *m.*

colo(u)ration Färbung *f.*

colo(u)r, ~ **break ampoule** Ampulle *f.* mit Farbringmarkierung an der Bruchstelle, ~ **centre** (= center) Farbzentrum *n.*, ~ **comparator** Farbkomparator *m.*, Kolorimeter *n.*

colo(u)red, ~ **filter** Farbfilter *n.*, ~ **frit** Farbfritte *f.*, Schränke *f.*, ~ **glass** Farbglas *n.*, Buntglas *n.*, ~ **plate glass** farbiges Spiegelglas *n.*, ~ **sheet glass** farbiges Tafelglas *n.*

colo(u)ring Färbung *f.*, Farbgebung *f.*, ~ **agent** Farbmittel *n.*, Färbemittel *n.*

colo(u)r intensity Farbstärke *f.*, Farbintensität *f.*

colo(u)rless glass (= flint glass) Weißglas *n.*

columbium oxide Nioboxyd *n.*, Niobiumoxyd *n.*

comb GF Kamm *m.*

combed glass DEC gekämmtes (fadenverziertes) Glas *n.*

combustible brennbar, *n.* Brennstoff *m.*, Brennmaterial *n.*

combustion Verbrennung *f.*, ~ **air** Verbrennungsluft *f.*, ~ **chamber** Verbrennungskammer *f.*, Verbrennungsraum *m.*, Heizraum *m.*, Feuerkammer *f.*, Ofenraum *m.*, ~ **efficiency** (= firing efficiency) feuerungstechnischer Wirkungsgrad *m.*, ~ **residue** Verbrennungsrückstand *m.*, ~ **space** s. chamber, ~ **zone** Verbrennungszone *f.*

compact verdichten, bis zum höchsten Brechungsindex kühlen

composition Zusammensetzung *f.*

compound chem. Verbindung *f.*, ~ **lenses** Linsensystem *n.*, Linsensatz *m.*

(compressed) air Druckluft *f.*, Preßluft *f.*

compressibility Zusammendrückbarkeit *f.*

compression Druck(spannung) *m.* (*f.*), ~ **-bagging machine** GF Einsack-Maschine *f.*, ~ **strength** Druckfestigkeit *f.*, ~**stress** Druckbelastung *f.*, Druckspannung *f.*

compressive strength s. compression strength

compressor (= air compressor) Kompressor *m.*

concave bottom Hohlboden *m.*, konkaver Boden *m.*

concrete Beton *m.*, Grundmörtel *m.*, Gußmörtel *m.*, ~ **bed** (= concrete foundation) Betonfundament *n.*, ~ **pavement lights** (begehbares) Betonglas *n.*

condensate v. beschlagen, kondensieren, *n.* Kondensat *n.*

condensation Kondensation *f.*

condenser, ~ **lens** Kondensorlinse *f.*, ~ **water** Kondenswasser *n.*

conditioning zone FEED (= heat conditioning section) Vorbereitungsabschnitt *m.*

conducting path Leitweg *m.*

conduction (= thermal conduction) Wärmeleitung *f.*

conductor Leiter *m.*

conduit Leitung *f.*, Rohrleitung *f.*

cone (= Seger cone) 1. Segerkegel *m.*, 2. GF Konusspule *f.*, ~ **plaque** Segerkegelgasse *f.*

conical flask CHEM Kolben *m.*

constricted tank eingeschnürte Wanne *f.*, Wanne *f.* mit Einschnürung

constriction Einschnürung *f.* (am Ofen)

constringence (= reciprocal relative dispersion) Abbésche Zahl *f.*

construction glass Bauglas *n.*

contact, ~ **angle** Kontaktwinkel *m.*, Randwinkel *m.*, ~ **lenses** Augenhaftgläser *n. pl.*, Kontaktschalen *f. pl.*, ~ **mo(u)lding** Niederdruck-Preßverfahren *n.*, ~ **resin** GRP Kontaktharz *n.*

container Behälter *m.*, ~ **glass** Behälterglas *n.*, Hohlglas *n.*, ~ **-glass furnace** Hohlglasofen *m.*, ~ **-glass industry** Hohlglasindustrie *f.*, ~ **-glass tank** Hohlglaswanne *f.*

contamination Verunreinigung *f.*

content(s) Inhalt *m.*, Gehalt *m.*

continuous dauernd, durchgehend, ununterbrochen, ~ **chart recorder** schreibendes Meßgerät *n.*, Meßschreiber *m.*, ~ **filament** GF endlose Faser *f.*, Glasseide *f.*, ~ **filament method** (or **process**) GF Düsenziehverfahren *n.*, ~ **grinder** (= ~ grinding line) Bandschleifmaschine *f.*, Bandschleifer *m.*, ~ **rolling process** kontinuierliches Fließverfahren *n.*, Walzverfahren *n.*, Pilkington-Verfahren *n.*, ~ **tank furnace** Kontinüwanne *f.*, kontinuierlich schmelzende Wanne *f.*, Dauerwanne *f.*

contour Kontur *f.*, Umriß(linie) *m.* (*f.*), Fasson *f.*

control Regelung *f.*, Regulierung *f.*, Überwachung *f.*, Führung *f.*, Kontrolle *f.*, ~ **desk** Schaltpult *n.*

controller Regelgerät *n.*, Regler *m.*

control, ~ **of light** Lichtdämpfung *f.*, ~ **panel** Schaltbrett *n.*, Schalttafel *f.*

convection Konvektion *f.*, ~ **cooling** Konvektionskühlung *f.*, ~ **current** Konvektionsströmung *f.*, ~ **loss** Konvektionsverlust *m.*

conventional open setting FUR gerade Rostpackung *f.*

conversion table Umrechnungstabelle *f.*

convex glass konvexes Glas *n.*

conveyor (= conveyer belt) Transportband *n.*, Förderband *n.*, ~ **change** (= conveyor transfer) Bandwechsel *m.* (vom Haupt- zum Hilfsförderband)

cool kühl

coolant Kühlmittel *n.*

cool down kühlen, abkühlen, abstehen, kaltschüren, abtempern

cooling Kühlung *f.*, Abkühlen *n.*, Abkühlung *f.*, Abstehen *n.*, ~ **agent** Kühlmittel *n.*, ~ **channel** Kühlkanal *m.*, ~ **nozzle** Kühldüse *f.*, ~ **of personnel** Mannkühlung *f.*, ~ **spiral** Kühlschlange *f.*, ~ **-water jacket** Kühlwassermantel *m.*, ~ **wind** Kühlluft *f.*, ~ **zone** FEED Kühlzone *f.* des Speiserkanals

cop (= bobbin) GF Spule *f.*

copaiba oil Kopaibabalsam *m.*

copper *v.* verkupfern, *n.* Kupfer *n.*, ~ **disk** DEC Kupferrädchen *n.*, ~ **oxide** (= cupric oxide) Kupferoxyd *n.*, ~ **plate** *v.* verkupfern, ~ **-ruby glass** Kupferrubinglas *n.*, ~ **stain** (= red, ruby stain) Kupferbeize *f.*, -ätze *f.*, -lasur *f.*, Rotbeize *f.*, -ätze *f.*, -lasur *f.*, ~ **-terminal clamp** Kupferklemme *f.*, ~ **wheel** (= disk) DEC Kupferrädchen *n.*

copying lathe Kopierdrehbank *f.*

corbel Kragstein *m.*

cord DEF Schliere *f.*, Winde *f.*, ~ **(age)** Kordel *f.*, Schnur *f.*

cordierite MIN Kordierit *m.*

cordy glass DEF schlieriges Glas *n.*

Corhart block REF Corhart-Stein *m.* = schmelzflüssig gegossener Stein (Warenzeichen von Corning Glass Works)

Corhart-Zac-block REF Corhart Zac-Stein *m.* = ebenfalls schmelzflüssig gegossener Stein (Warenzeichen von Corning Glass Works)

cork Kork *m.*

corkage Mündungsöffnung *f.*, Innenmündung *f.*, Freiraum *m.*, ~ **reheat** Wiedererwärmung *f.* der Mündung zwischen Festblasen und Vorblasen

cork, ~ **closure** Korkstopfen *m.*, Korken *m.*, ~ **finish** Bandmündung *f.*, ~ **polishing wheel** Korkpolierscheibe *f.*, ~ **stopper** (= cork closure) Korkstopfen *m.*, Korken *m.*

corner block REF Kantenstein *m.*

coronization GF Koronisierung *f.*

coronize GF koronisieren

corrosion Korrosion *f.*, Angriff *m.* (des Glases) auf das feuerfeste Material, Verschleiß *m.*

corrugated, ~ **glass** Wellglas *n.*, ~ **paper (board)** Wellpappe *f.*, ~ **sheet** Wellplatte *f.*, ~ **wire glass** Welldrahtglas *n.*

corundum MIN Korund *m.*, ~ **wheel** Korundscheibe *f.*

cosmetics kosmetische Erzeugnisse *n. pl.*

counterblow IS *v.* vorblasen, *n.* Vorblasen *n.*, ~ **air** IS Vorblaseluft *f.*

coupling Kupplung *f.*

course FUR Steinlage *f.*

cover v. (zu)decken, abdecken, auskleiden, *n.* Abdeckung *f.*, Belag *m.*, Decke(l) *f.* (m.), ~ **block** Abdeckstein *m.*

covered pot (= closed pot) gedeckter Hafen *m.*, Kappenhafen *m.*, Haubenhafen *m.*

cover glass (= cover slide) Deckglas *n.*

CP (= chemically pure) chemisch rein

crack DEF Riß *m.*, Sprung *m.*

cracking (of a mo(u)ld) Kracken *n.* einer Form

crackled glass(ware) DEC krakeliertes Glas *n.*, Craquelé-Glas *n.*

crack off absprengen

craze DEF Riß *m.*, Sprung *m.*

crazing Rißbildung *f.*, Risse *m.* pl.

creel GF Spulgatter *n.*

creep, ~ limit Dauerstandfestigkeit *f.*, Kriechfestigkeit *f.*, ~ **point** Kriechpunkt *m.*, ~ **strength** s. creep limit

crew leader Vorarbeiter *m.*

crimp v. kräuseln, gaufrieren, lippen, *n.* Krümmung *f.* (im Gewebe)

crimped fibre GF gekräuselte Faser *f.*

cristobalite MIN Cristobalit *m.*

crizzle DEF Riß *m.*, Gefrierriß *m.*, Kaltsprung *m.*, Schrenne *f.*, Kaltriß *m.*, ~ **detector** Haarriß-Mündungsprüfer *m.*

crizzled finish DEF gerissene Mündung *f.*

crooked finish DEF (= bent finish) verbogene Mündung *f.*, krumme Mündung *f.*

Crookes glass ein stark ultraviolett absorbierendes Glas *n.*

cross conveyor Quertransportband *n.*

crossed nicols gekreuzte Nikols *n.* pl.

cross, ~ fired furnace Querflammenwanne *f.*, ~ **flame** Querflamme *f.*, ~**flow** Querströmung *f.*, ~ **-flow regenerator** liegende Regenerativkammer *f.*, ~ **-hair telescope** (= cross wire telescope) Fadenkreuzteleskop *n.*, ~ **section** Querschnitt *m.*, ~ **wall** (= bridge wall) FUR Brücke(n-wand) *f.*

crown FUR Gewölbe *n.*, Kappe *f.*, Kuppe *f.*, auch Ring *m.*, (bei Hager-Verfahren), Kranz *m.*, ~ **brick** Gewölbestein *m.*, ~ **cap** Kronkorkverschluß *m.*, ~ **cork** Kronkork *m.*, ~~ **finish** Kronkorkmündung *f.*, ~ **flint glass** Kronflint(glas) *n.* ~ **glass** 1. Kronglas *n.*, 2. Mondglas *n.*, ~ **(optical) glass** Kronglas *n.*, ~ **rake** FUR Führungsgewölbe *n.*

crow's feet „Raupen" *f.* pl. (= Schweißlinien auf der Spinndüse)

crucible Tiegel *m.*, ~ **melt(ing)** Tiegelschmelze *f.*

crude producer gas Generator-Rohgas *n.*

crush zerdrücken, zerkleinern

crusher Brecher *m.*

crushing mill Mahlanlage *f.*

cryolite MIN Kryolith *m.*

crystal Kristall *m.*, ~ **chemistry** Kristallchemie *f.*, ~ **glass** Bleikristall *m.* (= Bleiglas), Kristallglas *n.*, ~ **growth** Kristallwachstum *n.*, ~ **lattice** Kristallgitter *n.*

crystallization Kristallbildung *f.*, Kristallisation *f.*

crystallizing dish Kristallisierschale *f.*

crystallography Kristallographie *f.*

crystal structure Kristallstruktur *f.*

cull(et) Scherben *f.* pl., Glasbruch *m.*, auch Absprengkappe *f.*

cullet, ~ cut DEF Polierkratzer *m.*, **~ interceptor** Glasabflußrinne *f.* (an der Speisermaschine bei Ausfall einer Arbeitsstation)

cupping glass Schröpfkopf *m.*

cuprous oxide Kupferoxydul *n.*

curb FEED Innenbund *m.* am Speiserbecken

cure (aus)härten

curing (Aus-)Härtung *f.*, **~ agent** GRP Härter *m.*, Härtemittel *n.*, **~ oven** GF Härteofen *m.*, **~ time** GRP Härtezeit *f.*

curled fiber (= fiber) gekräuselte Faser *f.*

current Strömung *f.*, Strom *m.*

curtainwall „vorgehängte" Fassadenwand *f.*, nichttragende Lichtbauwand *f.*, (auch Schattenwand *f.* im Schmelzofen)

curved glass gekrümmtes, gebogenes Glas *n.*, bombiertes Glas *n.*

cushioning Pufferung *f.*, Dämpfung *f.*, Stoßdämpfung *f.*, **~ cylinder** Pufferzylinder *m.*, **~ valve** IS Pufferventil *n.*

cut v. schneiden, schleifen (Glas), *n.* Schnitt *m.*, Schliff *m.*, **~ glass** geschliffenes Glas *n.*, geschnittenes Glas *n.*, **~ -off** Glasabschnitt *m.*, Abschnittnarbe *f.*, Messernarbe *f.*, **~ -off checks** DEF Abschnittrisse *m.* pl., **~ -off scar** Glasabschnittsnarbe *f.*, Schnittnarbe *f.*, **~ sizes (of flat glass)** Schneidgrößen *f.* pl., feste Maße *n.* pl.

cutter (= glass cutter) Glasschleifer *m.*, -kugler *m.*, -zuschneider *m.*

cutter's lathe Kuglerzeug *n.*

cutting Schleifen *n.*, Schliff *m.*, Schnitt *m.*, **~ shop** Schneidstube *f.* (in der Flachglas zerschnitten wird), **~ stone** Glasschneider *m.*, Glaserdiamant *m.*, **~ table** Schneidtisch *m.*, **~ tool** Schneidwerkzeug *n.*, **~ wheel** Trennscheibe *f.*, Schneidrädchen *n.* (Flachglas)

"C" value (or factor) GF (= B.T.U. /h. sq. ft. °F) Wärmedurchgangszahl *f.* für gegebene Materialstärken

cyanite MIN Cyanit *m.*, Kyanit *m.*

cycle Periode *f.* (EL), Rhythmus *m.*, Arbeitsablauf *m.* einer Maschine

cylinder Zylinder *m.*, Walze *f.*, **~ process** Zylinder(blas)verfahren *n.* (zur Herstellung von Fensterglas)

D

damar varnish DEC Damarlack *m.*

damper Schieber *m.*, Zugklappe *f.*, Zugregler *m.*

Danner process Danner-Verfahren *n.* (= Röhrenziehverfahren)

data Daten *n.* pl., Werte *m.* pl., Unterlagen *f.* pl.

dazzle (= glare) Blendung *f.*, Blendwirkung *f.*

day tank Tageswanne *f.*

dead, ~ corner FUR tote Ecke *f.*, **~ glass** stagnierendes Glas *n.*, **~ metal** DEF Steinchen *n.* pl., **~ plate** IS Absetzplatte *f.*

de-airing Entfernung *f.* von Luft

dealkalization Entalkalisierung *f.*

debiteuse Schwimmdüse *f.*, Ziehdüse *f.* (bei der Fensterglasherstellung nach Fourcault)

decal(comania) DEC Abziehbild *n.*

decalcomania transfer Abziehbilderverfahren *n.*

decanter Karaffe *f.*

decibel Dezibel *n.* (= Maß für Schalldämmung)

decolo(u)rant Entfärbemittel *n.*, Entfärber *m.*

decolo(u)rization Entfärbung *f.*

decolo(u)rize entfärben

decolo(u)rizer Entfärber *m.*, Entfärbemittel *n.*

decolo(u)rizing agent s. decolo(u)rizer or decolo(u)rant

decompose auflösen, zersetzen, zerfallen

decomposition Auflösung *f.*, Zersetzung *f.*, Zerfall *m.*

decorate verzieren, auch bedrucken (von Flaschen mit Daueretikett)

decorating, ~ lehr Einbrennofen *m.* (für bedruckte Flaschen), **~ machine** Bedruckungsmaschine *f.* (für Daueretiketts), **~ shop** Einbrennerei *f.*, Einbrennabteilung *f.*

decoration Dekoration *f.*, Verzierung *f.*, Veredlung *f.*

decorative, ~ fabrics GF Dekorationsstoffe *m. pl.*, **~ glass(ware)** Zierglas *n.*,

decorator Drucker *m.*, (Glas-)Veredler *m.*

deep tief, satt, dunkel, **~ cut(ting)** DEC Tiefschliff *m.*, **~ draw** v. tiefziehen, **~ drawing** *n.* Tiefziehen *n.*, **~ engraving** DEC Tiefgravur *f.*, **~ etching** DEC Tiefätzen *n.*, **~ (well) spout** tiefes Speiserbecken *n.*

defect (Fabrikations-)Fehler *m.*

deflector (chute) IS Umlenkrinne *f.*

deformation Verformung *f.*, **~ point** (= MG point) dilatometrischer

Erweichungspunkt *m.* (bei ca. $10^{11.3}$ poise)

deformed ware DEF verformte Artikel *m. pl.*

degas(ify) entgasen

delaminate GRP aufspalten

delamination Aufspaltung *f.*

delay line Verzögerungsleitung *f.*

delivery Lieferung *f.*, Freigabe *f.* (des fertigen Artikels aus der Form), Einfüllung *f.* des Tropfens in die Vorform, Tropfenfall *m.*, **~ equipment** (or **system**) IS Tropfenführung *f.*, Rinnensystem *n.*

demi-crystal glass Halbkristall *m.* (enthält ca. 17.5% Pb)

demi-double thickness (of sheet glass) mittlere Dicke *f.* (= MD) von Fensterglas

demijohn (= carboy) Ballon *m.*, Großglas *n.*

de-mixing Entmischung *f.*

denier Denier *n.* (= Anzahl Gramm bei einer Fadenlänge von 9000 m)

dense dicht, kompakt, schwer, **~ barium crown (glass)** Schwerkron(glas) *n.*, **~ barium flint(glass)** Baritschwerflint(glas) *n.*, **~ soda ash** schwere Soda *f.*

density Dichte *f.*, GF Raumgewicht *n.*

deposit 1. Bodensatz *m.*, Niederschlag *m.*, Ablagerung *f.*, 2. Lager(stätte) *n.* (*f.*), 3. Flaschenpfand *n.*, **~ type bottle** (= returnable bottle) Leihflasche *f.*, Pfandflasche *f.*

desiccator Exsiccator *m.*

design v. entwerfen, gestalten, konstruieren, Form geben, *n.* Form *f.*, Entwurf *m.*, Formgebung *f.*, Fasson *f.*

de-size GF entschlichten

detector tube Audionröhre *f.*

detergent Waschmittel *n.*

devitrification Entglasung *f.*, ~ **stones** DEF Steinchen *n.* pl. aus Entglasungen

devitrify entglasen

devitrite MIN Devitrit *m.*

Dewar vessel Dewargefäß *n.*

dew point Taupunkt *m.*

dial indicator Meßuhr *f.*

diameter Durchmesser *m.*

diamond Diamant *m.*, Glaserdiamant *m.*, Glasschneider *m.*, ~ **cut** Diamantschliff *m.*, ~ **cutter** Diamantschneider *m.*, ~ **pattern** Rautenmuster *n.* (bei Ornamentglas), ~ **-point engraving** DEC Diamant(en)riß *m.*, Diamantgravur *f.*, Diamantstippen *n.*

diaspore clay Diasporton *m.*

diathermaneous characteristics Wärmedurchlässigkeitseigenschaften *f.* pl.

diatomaceous earth, (= diatomite) Diatomeenerde *f.* Kieselgur *f.*

dice würfelförmiger Bruch *m.*, Bruchkrümel *m.* Würfelbruch *m.* (bei gehärtetem Glas)

die Form *f.*, Gesenk *n.*, Matrize *f.*

dielectric, ~ **breakdown voltage** Durchschlagsspannung *f.*, ~ **strength** dielektrische Festigkeit *f.*, Durchschlagfestigkeit *f.*

diffraction pattern Beugungsbild *n.*

diffusing glass (licht)streuendes Glas *n.*

diffusion flame Diffusionsflamme *f.*

digs DEF Grübchen *n.* pl., Piqure *f.*, Einschlag *m.*

dilatometer Dilatometer *n.*, Ausdehnungsmeßgerät *n.*

dimension Abmessung *f.*, Maß *n.*

dimming class Verwitterungsklasse *f.* (des optischen Glases verglichen mit einem genormten Mattglas)

dimple Vertiefung *f.* zum Zentrieren von Flaschen (Bedruckung)

diopside glass Diopsidglas *n.*

dip mo(u)ld Stauch-, Hohlform *f.*, Model *f.*

direct, ~ **cooling** direkte Kühlung *f.*, ~ **current** (= D.C.) Gleichstrom *m.*, ~ **fired furnace** direkt beheizter Ofen *m.* (ohne Regenerativkammern bzw. Rekuperator), ~ **firing** Direktbeheizung *f.*, ~ **melting** GF direktes Schmelzen *n.* (von Glasfasern aus Gemenge)

dirty ware DEF verschmutzte Artikel *m.* pl.

disanneal (Glas) schlecht kühlen, schlecht entspannen

disannealed glass schlecht gekühltes Glas *n.*

disappearing filament pyrometer Glühfadenpyrometer *n.*

discharge Freigabe *f.* (des fertigen Artikels aus der Form)

discolo(u)r sich verfärben, anlaufen

discolo(u)ration DEF Verfärbung *f.*

disorder Fehlordnung *f.*

disordered fehlgeordnet

dispersion Dispersion *f.*, Streuung *f.*, Verteilung *f.*

displacement flow Verdrängungsströmung *f.*

dissolve auflösen

distilled water destilliertes Wasser *n.*

distilling apparatus Destillierapparat *m.*

distortion Verzerrung *f.*, Welligkeit *f.* (von gezogenem Glas)

distribution (of glass) Glasverteilung *f.*

diverter valve Umstellklappe *f.*

document glass Dokumentenglas *n.*

doffing GF Auswechseln *n.* der vollen Spulen gegen leere (Textilglas)

doghole (= throat) FUR Durchlaß *m.*

doghouse FUR Einlegevorbau *m.*, Doghaus *n.*, ~ **arch** Doghausbogen *m.*, Bogen *m.* für Einlegevorbau, ~ **corner** Vorbaukante *f.*, Doghauskante *f.*, ~ **-corner block** Vorbaukantenstein *m.*, ~ **-mantle block** Füllstein *m.* für Doghausbogen

dog metal Bodenglas *n.* (entglast)

dolomite Dolomit *m.*

domestic, ~ **cullet** eigene Scherben *f.* pl., ~ **glass(ware)** Haushaltsglas *n.*, Gebrauchsglas *n.*, Wirtschaftsglas *n.*

dominant wave length dominierende Wellenlänge *f.*, farbtongleiche Wellenlänge *f.*

"dope" Formenschmiermittel *n.*, (DEF) Verschmutzung *f.* (am Glasbehälter durch Formenschmiermittel)

dormant glass (= dead glass) stagnierendes Glas *n.*

dosimeter glass Dosimeterglas *n.*

double GF fachen, verzwirnen, ~ **cavity process** Doppelformverfahren *n.*, ~ **crown tank** Doppeldeckenwanne *f.*, ~ **glazed unit** (= ~ -glazing unit) Doppelscheibenfenster *n.*, ~ **glazing** Doppelverglasung *f.*, ~ **-gob operation** (= ~ -gob process) Doppelformenbetrieb *m.*, Doppelformenverfahren *n.* (bei Speiser-

maschinen), ~ **-rolled glass** beidseitig geprägtes Glas *n.*, ~ **-row bushing** GF zweireihige Düse *f.*, ~ **thickness** (of sheet glass) Doppeldicke (=DD) *f.* (von Fensterglas), ~ **-wall(ed) container** Doppelwandgefäß *n.*

dovetail Verschwalbung *f.*, (Formen-) Zarge *f.*, Schwalbenschwanznut *f.*

down-draw GF Abwärtsziehen *n.*

down finish DEF nicht ausgeblasene Mündung *f.*

downtake FUR (Brenner-)Schacht *m.*

downtime Ausfallzeit *f.* (von Maschinen)

draft (= draught) 1. Zug *m.*, Sog *m.*, Drift *f.*, 2. Konizität *f.* (einer Form), ~ **angle** Konizitätswinkel *m.*, ~ **control** Zugregelung *f.*

drafting GF Ausziehen *n.* (von Fasern), ~ (of a furnace) Zugverhältnisse *n.* pl., Zugregelung *f.* im Ofen

drag DEF Froschhaut *f.*, Apfelsinenhaut *f.*, Wasserhaut *f.*

dragaded cullet (= dragladled cullet) gefrittete Scherben *f.* pl.

drag mark DEF Ziehfalte *f.*

dragon's blood DEC Drachenblut *n.*

drain (a furnace) (eine Wanne) ablassen, *n.* ~ **bushing** GF Abzugdüse *f.*

drain(ing) hole Ablaßloch *n.*, Ablaßöffnung *f.*, Abstichloch *n.*

draught s. draft

draw abziehen, ziehen, zeichnen, ~ **bar** Ziehbalken *m.*

drawing *n.* Abziehen *n.*, Ziehen *n.*, Zeichnung *f.*, ~ **chamber** Ziehkammer *f.*, ~ **channel** Ziehkanal *m.*, ~ **lines** DEF Ziehstreifen *m.* pl., ~ **machine** Ziehmaschine *f.*

drawing marks DEF Ziehstreifen *m.* pl., **~ shaft** Ziehschacht *m.*

drawn-rod method GF Stabzieh-verfahren *n.*

drawn (sheet) glass Ziehglas *n.*

drier Trockenofen *m.*, Trockner *m.*

drift punch Durchschläger(werkzeug) *m.* (*n.*) (für die Düsen-fertigung)

drill v. bohren, *n.* Bohrer *m.*

drinking glass Trinkglas *n.*

drip-and-sight feed Tropfventil *n.*

drip, ~ course FUR Tropfleiste *f.*, Tropfkante *f.*, **~ pan** IS Auf-fangblech *n.*, Tropfblech *n.*, **~ pin** Tropfstift *m.*, **~ through** DEF Durchtropfen *n.* (der Farbe durch die Schablone beim Dau-eretikett)

drop v. 1. fallen lassen, tropfen, 2. senken, *n.* Tropfen *m.*, **~ -ball test** Kugelfallprobe *f.* (= Viskosi-tätsprüfung), **~ counter** Trop-fenzähler *m.*, **~ glass** Tropfglas *n.*, **~ guide** IS Messerbügel *m.*,

dropper s. drop counter, **~ bottle** Tropfflasche *f.*

dropping lehr Senkofen *m.*, Biege-ofen *m.*

drop, ~test Fallprüfung *f.*, mechani-sche Stoßprüfung *f.*, **~ throat** (= dropped throat) FUR tiefer Durchlaß *m.*, versenkter Durch-laß *m.*, versackter Durchlaß *m.*

dross (= scum, foam) Schaum *m.*, Galle *f.*

drum Trommel *f.*, auch Faß *n.*

dry trocken, v. trocknen

drying Trocknen *n.*, **~ cabinet** Trockenschrank *m.*, **~ chamber** s. drying cabinet, **~ oven** (= drier) Trockenofen *m.*

ductile geschmeidig, biegsam, duk-til

ductility Geschmeidigkeit *f.*, Bieg-samkeit *f.*, Duktilität *f.*

duct(ing) Leitung *f.*, Kanal *m.*

dummy Tretzeug *n.*

duplicating, ~ lathe Kopierdreh-bank *f.*, **~ milling machine** Ko-pierfräsmaschine *f.*, **~ template** (auch blank mo(u)ld template und blow mo(u)ld template) Kopierleiste *f.*

durability (chemische) Haltbar-keit *f.*, Beständigkeit *f.*

durable haltbar, dauerhaft

Duraglas Warenzeichen von Owens-Illinois für Hohlglas

dust Staub *m.*, Abrieb *m.*, Mehl *n.*, **~ arrest** Entstaubung *f.*, **~ ar-restor** Entstaubungsanlage *f.*, Staubsammler *m.*, **~ collection** s. dust arrest, **~ trap** FUR Staub-kammer *f.*

E

earthenware Steingut *n.*, Stein-zeug *n.*

edge Bord *m.*, Kante *f.*, Rand *m.*, **~ grinding** Kantenschliff *m.*, **~ mill** (= pan grinder) Koller-gang *m.*, **~ -polished** kanten-poliert, **~ polishing** Kantenpoli-tur *f.*, **~ -smoothing machine** Ränderschleifmaschine *f.*

edging (= edge work) Kanten-schliff *m.*, Kantenpolitur *f.*, Kantenbearbeitung *f.*

effective, ~ draft (= draught) wirksamer Zug *m.*, **~ volume** (or capacity) füllvoller Inhalt *m.*

efficiency Wirkungsgrad *m.*, Lei-stung *f.*

efflorescence Beschlag *m.*, Aus-witterung *f.*

effluent side FUR Abzugseite *f.*

E-glass GF E-glas *n.*, alkalifreies Glas *n.*

ejector type venturi stack Ejektor-Venturischacht *m.*

elasticity Elastizität *f.*

elastic limit Elastizitätsgrenze *f.*

elbow Kniestück *n.*

electrical glass Glas *n.* für elektrische Verwendungszwecke (vornehmlich alkalifrei)

electrically conducting glass elektrisch leitendes Glas *n.*

(electric) arc furnace Lichtbogenofen *m.*

electric, ~ booster elektrische Zusatzbeheizung *f.*, elektrisches Zusatzheizgerät *n.*, **~ boosting** elektrische Zusatzbeheizung *f.*, **~ (lamp) bulb** Glühlampe *f.*, Glühbirne *f.*, **~ conductivity** elektrische Leitfähigkeit *f.*, **~ conductor** elektrischer Leiter *m.*, **~ energy** elektrische Energie *f.*, **~ eye** Photozelle *f.*, „elektrisches Auge" *n.*, **~ furnace** elektrischer Schmelzofen *m.*, **~ insulation** GF elektrische Isolierung *f.* **~ melting** elektrisches Schmelzen *n.*

electrode Elektrode *f.*

electroluminescence Elektrolumineszenz *f.*

electron-beam tube Kathodenstrahlröhre *f.*

electronic valve Elektronenröhre *f.*

electron, ~ microscope Elektronenmikroskop *n.*, **~ tube** Elektronenröhre *f.*

electroplate galvanisch plattieren

electroplated decoration DEC Galvanodekor *n.*

elevating conveyor (= elevator) Aufwärtsförderer *m.*

elongation Dehnung *f.*, Längung *f.* (des Külbels)

embossed glass Reliefglas *n.*, geprägtes Glas *n.*

emerald green Emeraldgrün *n.*, Smaragdgrün *n.* (dominierende Wellenlänge ca. 550—560 mμ)

emery Schmirgel *m.*, **~ cloth** Schmirgelleinen *n.*, **~ paper** Schmirgelpapier *n.*

emission Emission *f.*, Ausstrahlung *f.*

emissive power (in B.T.U./sq. in. h) Energie-Abstrahlung *f.* (pro Zeit- und Flächeneinheit in kcal/m^{2}h)

emissivity Verhältnis *n.* der spezif. Abstrahlung eines Körpers (= emissive power) zu der eines schwarzen Körpers, Schwärzegrad *m.*, **~ of flame** Flammenstrahlung *f.*

emulsify emulgieren

emulsion GF Emulsion *f.*

enamel 1. Email(le) *n.* (*f.*), Emailfarbe *f.*, 2. äußere Flaschenhaut *f.*

enamel(l)ed glass DEC Emailglas *n.*

end Ende *n.*, Seite *f.*, (GF) Gewebefaden *m.*, Kettzahl *f.*, **~-fired furnace** Stirnbrennerofen *m.*, U-Flammenwanne *f.*, **~-port furnace** s. end-fired furnace

endurance limit Ermüdungsfestigkeit *f.*

end, ~ view Rückansicht *f.*, **~ wall** FUR Stirnwand *f.*, Rückwand *f.*

enfolding batch charger Eintauch-Gemengeeinleger *m.*

engobe DEC Engobe *m.*

engrave DEC gravieren

engraved plate (= steel plate) DEC Stahlplatte *f.* für Umdruck

engraver DEC Graveur *m.*

engraving Gravieren *n.*, Gravur *f.*

epoxy resin GRP Epoxydharz *n.*

equalization of temperature Temperaturausgleich *m.* (z. B. bei Rückerhitzung des Külbels)

Erlenmeyer flask CHEM Erlenmeyer-Kolben *m.*

erosion REF Erosion *f.*, (allg. mechanische Abtragung *f.*)

etch ätzen

etched geätzt, verwittert

etching *n.* Ätzung *f.*, Radierung *f.*, **~ bath** Ätzbad *n.*, **~ resist** DEC Decklack *m.* (für Ätzung)

eutectic, eutektisch, *n.* Eutektikum *n.*, **~ mixture** eutektisches Gemisch *n.*

examination Untersuchung *f.*, Prüfung *f.*

examine untersuchen, prüfen

excessive air Luftüberschuß *m.*

exhauster Sauggebläse *n.*, Lüfter *m.*

exhaust, ~ gas Abgas *n.*, Rauchgas *n.*, Feuergas *n.*, **~ power of stack** Saugfähigkeit *f.* des Schornsteins, Kaminzug *m.*, **~ side** FUR Abzugseite *f.*, **~ tube (of lamp)** Pumprohr *n.*

exit, ~ gas Abgas *n.*, Rauchgas *n.*, Feuergas *n.*, **~ port** Austrittsöffnung *f.*

exothermic temperature exotherme Temperatur *f.*

expanded metal (lath) Streckmetall *n.*

expansion Ausdehnung *f.*, **~ coefficient** Ausdehnungskoeffizient *m.*, **~ joint** Dehnungsfuge *f.*, **~ space** Freiraum *m.* (in der Flasche)

expansivity Ausdehnungsvermögen *n.*

extensibility Dehnbarkeit *f.*

external screw thread finish Außengewindemündung *f.*

extinction (= absorbance or absorbancy) Extinktion *f.*, **~ coefficient** Extinktionskoeffizient *m.*, **~ position** Auslöschstellung *f.*

extra, ~ dense barium crown (glass) Schwerstkron(glas) *n.*, **~ -dense flint (glass)** Schwerflint(glas) *n.*, **~ -heavy crown glass** Ultrakronglas *n.*, **~ -light flint (glass)** Doppelleichtflint(glas) *n.*

extrude strangpressen

extruder Strangpresse *f.*, Extruder *m.*, Schneckenpresse *f.*

extrusion (mo(u)lding) Strangpressen *n.*, Schlauchpressen *n.*

eye Auge *n.*, Mittelbrenner *m.*, Flammenloch *n.* (bei Hafenofen), **~ glass** Augenglas *n.*, Brille *f.*, Augenbadewanne *f.*,

eyepiece Okular *n.*

F

fabric GF Gewebe *n.*

face grinder Flächenschleifmaschine *f.* (für Vorformen)

facer block Stirnstein *m.*

factory cullet fabrikeigene Scherben *f.* pl.

fade bleichen, verblassen (des gefärbten Glases)

fading Bleichen *n.*, Verblassen *n.*

fail versagen, zu Bruch gehen, ausfallen

failure Versagen *n.*, Bruch *m.*

falling ball method (= drop ball test) Kugelfallverfahren *n.* (zur Viskositätsbestimmung)

false twist GF Scheindrall *m.*, Scheindreh *m.*

fan Ventilator *m.*, Gebläse *n.*

fancy glass(ware) Zierglas *n.*, Luxusglas *n.*

fatigue Ermüdung *f.*, ~ **-impact strength** Dauerschlagfestigkeit *f.*, ~ **strength** Ermüdungsfestigkeit *f.*, Dauerfestigkeit *f.*

fat, ~ **medium** ACL fettes Medium *n.*, fettes Drucköl *n.*, ~ **oil** Fettöl *n.*

fault Fehler *m.*

feather DEF 1. Feuerweiß *n.* (= „mülleriges" Glas *n.* = Gispenansammlung *f.*), 2. „Laufmaschen" *f.* pl., „Reißverschluß" *m.* (bei Drahtglas)

feed beschicken, speisen, einlegen (Gemenge)

feeder Speiser *m.*, Feeder *m.*, ~ **bowl** (= feeder nose, feeder spout) Speiserbecken *n.*, ~ **channel** Speiserkanal *m.*, Speiserrinne *f.*, ~ **connection** Speiserloch *n.*, ~ **-entrance block** Anschlußstein *m.*, ~ **gate** Absperrstein *m.* für Speiser, ~ **machine** Speisermaschine *f.*, ~ **nose** Speiserbecken *n.*, ~ **opening** (= „letter box") Speiserloch *n.*, Feederloch *n.*, ~ **process** Speiserverfahren *n.*, Feederverfahren *n.*, ~ **ratio** Übersetzungsverhältnis *n.* des Speisers, ~ **-well block** Speiseröffnung(sstein) *f.* (*m.*) (über dem Tropfring)

feeding bottle CHEM 1. Saugflasche *f.*, 2. Kindermilchflasche *f.*

feeler ga(u)ge Dickenlehre *f.*, Fühlerlehre *f.*, Spion *m.*

feldspar (= felspar) Feldspat *m.*

felt GF Filz *m.*, ~ **disc** (= disk) Filzscheibe *f.* (zum Polieren), ~ **wheel** s. felt disc

ferric iron oxide Ferrieisenoxyd *n.*

ferrous iron oxide Ferroeisenoxyd *n.*, Eisenoxydul *n.*

fever thermometer Fieberthermometer *n.*

Fiberglas Warenzeichen von Owens-Corning Fiberglas für die von dieser Firma hergestellten Glasfasererzeugnisse

fibre (= fiber) Faser *f.*, ~ **elongation method** Fadenziehmethode *f.* (Viskositätsbestimmung), ~ **forming** Faserbildung *f.*

field glass Feldstecher *m.*, Fernglas *n.*

fifth Flasche mit einem Inhalt von $^1/_5$ Gallone = US ca. 76 cl., Imp. ca. 91 cl.

figured, ~ **(rolled) glass** Ornamentglas *n.*, ~ **wire glass** Drahtornamentglas *n.*

filament GF Faden *m.*, Elementarfaden *m.*, Faser *f.*, ~ **support** Glühlampenglasgestell *n.*,

filigree, ~ **glass** Filigranglas *n.*, ~ **work** DEC Filigranarbeit *f.*

filings Abfall *m.*, Ausschuß *m.*

fill v. abfüllen, füllen, *n.* Charge *f.*, Füllung *f.*, auch Schuß(faden) *m.* im Gewebe

filler Abfüllmaschine *f.*, Abfüller *m.*, Füllmittel *n.*, ~ **-on** Einleger *m.*, ~ **pigments** Füllfarben *f.* pl.

fillet Hohlnaht *f.*, Verschmelzkante *f.* von Sockel und Kolben bei Elektronenröhren

filling (= fill) 1. GF Schuß(faden) *m.*, 2. FUR Gitterwerk *n.*, ~ **-in** Gemengeeinlegung *f.*, ~ **machine** s. filler, ~ **point** Füllhöhe *f.*, ~ **shovel** Einlegeschaufel *f.*

film Film *m.*, Folie *f.*

filter Filter *n.*, ~ **pad** GF Filterpackung *f.*,

fin Preßgrat *m.*, Schneidgrat *m.*, Formennaht *f.*

final blow IS Fertigblasen *n.*

fine läutern, **~ annealing** Feinkühlen *n.*

fined glass blankes Glas *n.*, geläutertes Glas *n.*

fine, ~ grained (= close-grained) feinkörnig, **~ grinding** Feinschliff *m.*, **~ hackle** feine Rauhigkeit *f.* (beim Bruchbild), **~ line** DEC Feinschnitt *m.*, **~ ream** (or **streak**) DEF feinbandige Schliere *f.*, **~ scratch** DEF Filasse *f.*, feiner Kratzer *m.*, Wischer *m.*

fines feinkörniges Material *n.*

fine sleek (= slick) DEF s. fine scratch

finger bowl Fingerschale *f.*

fining Läutern *n.*, Läuterung *f.*, **~ zone** Läuterzone *f.*

finish v. 1. fertigmachen, feinmachen, 2. ausrüsten, appretieren (von Geweben), *n.* 1. Mündung *f.* (von Gefäßen), 2. Appretur *f.*, Ausrüstung *f.*, **~ cut** v. feinmachen, fertigschleifen, *n.* Fertigschliff *m.*, Feinschliff *m.*

finished product Fertigerzeugnis *n.*

finisher Fertigmacher *m.*

fire v. heizen, beheizen, brennen, einbrennen, feuern, *n.* Feuer *n.*, **~ box** Feuerkammer *f.*, Heizraum *m.*, Feuerzone *f.*

firebrick REF Schamottestein *m.*

fireclay Schamotte *f.*, **~ lining** Schamotteausfütterung *f.*, Schamotteausmauerung *f.*, **~ mortar** Schamottemörtel *m.*

fire, ~cleaning Heißreinigung *f.*, Flammenreinigung *f.*, **~ cracks** DEF Heißrisse *m. pl.*, **~ finish** feuerpolieren (die Mündung), **~ finishing** Feuerpolieren *n.*, **~ over** fortheizen (ohne Produktion), **~ point** Flammpunkt *m.*, **~ polish** feuerpolieren, verwärmen, **~ polisher** Feuerpoliervorrichtung *f.*, **~ polishing** Feuerpolieren *n.*, Verwärmen *n.*, **~ proof** feuersicher, flamm(en)sicher, **~ resistant** (or **resisting**) feuerfest, feuerbeständig, **~ retardant** schwer entflammbar, **~ up** antempern, anheizen

firing Feuerung *f.*, Brennen *n.*, Einbrennen *n.*, **~ efficiency** feuerungstechnischer Wirkungsgrad *m.*, **~ method** Feuermethode *f.*, Feuerführung *f.*, **~ order** IS Tropfenfolge *f.*, **~ point** Zündpunkt *m.*, **~ practice** Feuerungstechnik *f.*, **~ temperature** Einbrenntemperatur *f.*

fissure DEF Sprung *m.*, Riß *m.*

fit v. passen, sitzen, *n.* Passung *f.*, Sitz *m.*

fitment (Mündungs-)Zubehörteil *n.* (z. B. Tropf- oder Streueinsatz)

fitting Paßstück *n.*, Formstück *n.*, Fitting *n.*, (Luft-)Anschluß *m.*, (Wasser-)Anschluß *m.*, (Gas-)Anschluß *m.*

flake glass Glasfolie *f.*

flame v. abflammen, *n.* Flamme *f.*, **~ adjustment** Flammeneinstellung *f.*, **~ control** Flammenregulierung *f.*, Flammenregelung *f.*, **~ cutting** *n.* Abschmelzen *n.*, Abtrennen *n.* mittels Flamme, **~ emission** Flammenemission *f.*, **~ impingement** Flammenaufprall *m.*, **~ photometry** Flammenfotometrie *f.*, **~ polishing** (= fire-polishing) Feuerpolieren *n.*, **~-proof(ed)** flamm(en)-sicher, feuersicher, **~ temperature** Flammentemperatur *f.*

flammability Entflammbarkeit *f.*

flammable (= inflammable) entflammbar

flange v. bördeln, n. 1. Flansch m.,
Steg m., Bördel n., 2. DEF stark
ausgeprägte Formennaht f.,
~ **cork closure** Griffkorken m.

flanged bottom DEF versetzter
Flaschenboden m.

flange test Bördelprobe f.

flare (Glühlampen-)Fußrohr n.,
Trichterrohr n., Tellerrohr n.

flash v. überfangen (durch Eintauchen des farbigen Külbels in
farbloses Glas od. umgekehrt),
n. Preßgrat m.

flashed opal (glass) überfangenes
Milchglas n., Milchüberfang-
glas n.

flashing n. Überfangen n., Über-
stechen n.

flash melt Schnellschmelze f.

flashover strength Überschlagfestigkeit f.

flash point Zündpunkt m., Flammpunkt m.

flask Flasche f., Taschenflasche f.

flat, ~ **bottom** Flachboden m.
(einer Flasche), ~ **glass** Flachglas n., ~ ~ **furnace** Flachglas-
ofen m.

flatten bügeln (= Glas in der Form
glattstreichen), (Glas) strecken

flattener Strecker m.

flattening, ~ **iron** Bügelholz n.,
Streckeisen n., ~ **kiln** Streck-
ofen m., ~ **test** Flachschlagprobe
f., ~ **tool** s. flattening iron

flaw 1. Fehler m., 2. Fehlstelle f.

flexible biegsam, ~ **sections** GF
Rohrumwicklung f. (als Isolierung), ~ **shaft (grinder)** DEC
biegsame Welle f.

flexural strength Biegefestigkeit f.

flexure modulus Biegemodul m.,
Biegefestigkeit f.

flight conveyor Plattenband n.

flint Flint(stein) m., Kiesel(stein)
m., Feuerstein m., Flint-, ~ **container glass(ware)** Weißhohlglas
n., ~ **glass** Weißglas n., Flintglas n., ~ **optical glass** Flint-
(blei)glas n., ~ **pebble** Flintstein m.

flinty malt Glasmalz n.

floater Schwimmer m., ~ **hole**
Schwimmerloch n.

float glass Fensterglas n. (das nach
einem besonderen Verfahren von
Pilkington Bros., St. Helens,
Engl., hergestellt wird; das aus
dem Ofen austretende Glas wird
dabei über ein Metallbad gezogen und gleichzeitig von oben
beheizt, so daß es feuerpolierte
Oberflächen erhält)

floating floor GF schwimmender
Estrich m.

flooding GF Zusammenlaufen n. des
Glases an der Düse (infolge zu
geringen Lochabstandes), Krie-
chen n.

floodlight Scheinwerfer m., Reflektor m., Flutlicht n.

flooring light (begehbares) Oberlicht n.

flow Strömung f., Fluß m., Fließen
n., ~ **block** GF Überlaufstein m.,
~ **channel** Speiserkanal m.,
~ **feeder** Fließ-Speiser m.

flowing end FUR Entnahmeraum m.

flow, ~ **of glass** Glasfluß m., Glasströmung f., ~ **machine** Speisermaschine f., ~ **meter** Strömungs-
messer m., ~ **pattern** Strömungs-
bild n., ~ **-point** Fließpunkt m.,
Fließgrenze f., Fließtemperatur
f. (bei 10^5 poise)

flow process Speiserverfahren *n.*, Feederverfahren *n.*, **~ rate** Fließgeschwindigkeit *f.*, **~ -sheet** Fließbild *n.*, Fabrikationsschema *n.*

flue Abzugskanal *m.*, Fuchs *m.*, **~ block** Entlüftungsstein *m.*, **~ gas** Abgas *n.*, Rauchgas *n.*, Feuergas *n.*

fluor, ~ borate glass Fluorboratglas *n.*, **~ crown glass** Fluorkronglas *n.*

fluorescence Fluoreszenz *f.*

fluorescent lamp Fluoreszenzlampe *f.*

fluoride Fluorid *n.*

fluorine Fluor *m.*

fluorspar Flußspat *m.*

flush throat FUR gerader (= nicht versenkter) Durchlaß *m.*

fluted, ~ glass Glas *n.* mit Riffelmuster, geriffeltes Glas *n.*, **~ roller** Riffelwalze *f.*, kannelierte Walze *f.*

flux blocks REF Wannenmaterial *n.* (das mit dem Glas in Berührung steht, bzw. unter der Spiegellinie liegt)

flux(ing) agent Fluß(mittel) *m.* (*n.*)

fluxline Glasspiegel *m.*, Spiegellinie *f.*, Spülkante *f.*, **~ block** REF Bordstein *m.* (in Höhe des Glasspiegels), **~ waterbox** Kühlwasserbehälter *m.* an der Spiegellinie

foam v. schäumen, aufschäumen, *n.* Schaum *m.*

Foam, ~glas Warenzeichen von Pittsburgh-Corning für das von dieser Firma hergestellte Schaumglas **~ glass** Schaumglas *n.* (mit geschlossenen Zellen, richtiger: Zellglas *n.*), **~ -glass brick** (or **~ block**) Schaumglasstein *m.*, **~ line** Schaumlinie *f.*

focal, ~ distance (= **~ length**) Brennweite *f.*, **~ point** (= focus) Brennpunkt *m.*

fogged beschlagen

fogging Beschlag *m.*, Anlaufen *n.* (von Fensterscheiben)

fold (= lap) DEF Falte *f.*, Verfaltung *f.*

foliated glass Glasfolie *f.*

font cavity REF Gießlunker *m.*

foot Fuß *m.* (eines Glasgefäßes), **~ caster** (= **~ maker**) HM Fußmacher *m.*

footed tumbler Becher *m.* mit Fuß

footing Fundament *n.* (einer Maschine)

footmaking tool HM Bodenschere *f.*

forced, ~ cooling Druckkühlung *f.*, **~ draft** künstlicher Zug *m.*, Saugzug *m.*, **~ ~ and combustion air supply system** Saugzuganlage *f.*, **~ ~ fan** Saugzuggebläse *n.*, **~ recirculation of air** künstliche Luftumwälzung *f.*

force load lubricator Druckschmierapparat *m.*

forebay s. forehearth

forehearth Vorherd *m.* (GF), Speiserkanal *m.*, **~ casing** Vorherdgehäuse *n.*, Feedergehäuse *n.* **~ connection block** Anschlußstein *m.*

foreign, ~ body DEF Fremdkörper *m.*, **~ cullet** fremde Scherben *f.* pl., Fremdscherben *f.* pl., **~ matter** s. foreign body

foreman Meister *m.*

forest glass HIST Waldglas *n.*

fork lift truck Hubstapler *m.*, Gabelstapler *m.*

form v. formen, Form geben, *n.* Form *f.*

formation of nuclei (Kristall)-Keimbildung *f.*

forming Formen *n.*, Formgebung *f.*,
~ conveyor GF Auffangband *n.*,
~ hood GF Haube *f.*, **~ operation**
Formgebungsvorgang *m.*, **~ roll**
Gußwalze *f.*, Ziehwalze *f.* (für
Gußglas), **~ section** GF Auffang-
teil *m.* des Glaswollebandes

forsterite brick REF Forsteritstein *m.*

Forter valve Forter-Ventil *n.*

found (= to melt and refine)
reinschmelzen, blankschmelzen,
läutern

founder (= teaser) Schmelzer *m.*

four-component system Vierstoffsystem *n.*

fracture Bruch *m.*

fractured surface Bruchfläche *f.*

fracture pattern Bruchbild *n.*

frame Rahmen *m.*, Gerüst *n.*,
Gestell *n.*

framing of port mouth Brennereinfassung *f.*

freak DEF stark verformte Flasche *f.*

free-blown glass freihandgeblasenes
Glas *n.*

freeze erstarren, „einfrieren", „zu-
frieren" (auch von Glas)

freezer room insulation Isolierung
f. für Tiefkühlräume

freezing point Erstarrungstemperatur *f.*

Frenkel defect Frenkelfehler *m.*,
Fehlstelle *f.*, Zwischengitterplatz-
besetzung *f.*

frequency 1. Häufigkeit *f.*, 2. (EL)
Frequenz *f.*

Fresnel type lens Fresnel-Linse *f.*

friable REF brüchig, spröde, leicht
bröckelnd

friction loss Reibungsverlust *m.*

frit v. fritten, *n.* Fritte *f.*, Gemenge
n., Rohgemenge *n.*, **~ furnace**
Fritteofen *m.*

fritted glazes gefrittete Glasuren
f. pl.

front, ~ end Verarbeitungsstelle *f.*
am Ofen, **~ spout cover** FEED
Speiserkopfstein *m.*

frost DEC v. mattätzen, mattieren,
n. Flitter *m.*, Krösel *m.*

frosted glass Eis(blumen)glas *n.*,
Mattglas *n.*, mattiertes Glas *n.*

frosting *n.* Mattätze(n) *f.* (*n.*),
Mattierung *f.*, Eis(blumen)ät-
zung *f.*, **~ agent** Mattsalz *n.*

frozen throat eingefrorener Durchlaß *m.*

fuel Brennstoff *m.*, **~ consumption**
Brennstoffverbrauch *m.*, **~ efficiency** Wirkungsgrad *m.* des
Brennstoffes, **~ engineering** Feuerungstechnik *f.*, **~ input** Brenn-
stoffzuführung *f.*, **~ oil** Heizöl *n.*,
~ supply Brennstoffversorgung *f.*

full, ~ arch FUR Ganzwölber *m.*,
~ -depth block Palisadenstein *m.*,
~ -depth construction FUR Pali-
sadenbauweise *f.* (des Wannen-
beckens)

funnel Trichter *m.*, Formentrich-
ter *m.*, **~ guide** GF Führungstrichter *m.*, Nitschel *n.*

furnace Schmelzofen *m.*, **~ atmosphere** Ofenatmosphäre *f.*,
~ bottom Ofensohle *f.*, Ofenboden *m.*, **~ campaign** Ofenreise *f.*, **~ capacity** Ofengröße *f.*
Ofenleistung(svermögen) *f.* (*n.*),
~ chamber Ofenraum *m.*, **~ construction** Ofenbau *m.*, **~ control**
Ofenregelung *f.*, Ofenüberwa-
chung *f.*, Ofenführung *f.*,
~ crown Ofengewölbe *n.*, **~ draft**
Ofenzug *m.*, **~ efficiency** Wirkungsgrad *m.* eines Ofens,
~ floor (= furnace bottom)
Ofensohle *f.*, Ofenboden *m.*

furnace flue Ofenkanal *m.*, ~ **grate** Ofenrost *m.*, ~ **insulation** Ofenisolierung *f.*, ~ **lining** Ofenauskleidung *f.*, Ofenausmauerung *f.*, Ofenfutter *n.*, ~ **operation** Ofenbetrieb *m.*, Ofenführung *f.*, ~ **operator** Ofenwärter *m.*, ~ **pressure** Ofendruck *m.*, ~ **run** (= furnace campaign) Ofenreise *f.*, ~ **seat** (= furnace bottom) Ofensohle *f.*, Ofenboden *m.*, ~ **siege** s. furnace bottom, ~ **temperature** Ofentemperatur *f.*

fuse v. zusammenschmelzen, verschmelzen, CHEM aufschließen, *n.* Schmelzsicherung *f.*

fused, ~ **cast refractories** REF elektrisch geschmolzene Steine *m.* pl., schmelzflüssig gegossene Steine *m.* pl., aus der Schmelze gegossene Steine *m.* pl., ~ **corundum** Elektrokorund *m.*, ~ **quartz** Quarzglas *n.*, ~ **silica** Quarzgut *n.*

fusible frit label Daueretikett *n.*, keramisches Farbetikett *n.*

fusion Verschmelzung *f.*, Aufschluß *m.*, ~ **-cast blocks** (= fused cast refractories) REF elektrisch geschmolzene Steine *m.* pl., schmelzflüssig gegossene Steine *m.* pl., aus der Schmelze gegossene Steine *m.* pl., ~ **pyrometer** Schmelzpyrometer *n.*

G

gablewall FUR Einlegewand *f.*

gaffer Glasmachermeister *m.*, Glasbläser *m.*, Fertigmacher *m.*

gall Galle *f.*, Glasgalle *f.*, Glasschweiß *m.*

gallery, ~ **burner** Galeriebrenner *m.*, ~ **port** Galerie(mauer)brenner *m.*

gang stacker Gruppen-Eintragevorrichtung *f.* (für den Kühlofen)

gas Gas *n.*, ~ **-absorbing agent** Gasabsorptionsmittel *n.*, ~ **analysis** Gasanalyse *f.*, ~ **analyzer** Gasprüfer *m.*, ~ **bubble** Gasblase *f.*, Gasbläschen *n.*, Gaseinschluß *m.*, ~ **burner** Gasbrenner *m.*, ~ **chamber** Gaskammer *f.*, ~ **cleaning** Gasreinigung *f.*, ~ **control valve** Gasregelventil *n.*

gaseous inclusion (or **occlusion**) DEF Gaseinschluß *m.*, Gasbläschen *n.*

gas, ~ **firing** Gasfeuerung *f.*, Gasbeheizung *f.*, ~ **flue** Gaskanal *m.*, Gasleitung *f.*

gasification Vergasung *f.*

gasifying agent gasbildendes Mittel *n.*

gasket Dichtungsring *m.*, Dichtungsscheibe *f.*

gas, ~ **main** Gasleitung *f.*, ~ **maker** Schürer *m.*, ~ **metre** (= meter) Gasmesser *m.*, Gaszähler *m.*, Gasuhr *f.*, ~ **pipe** Gasrohr *n.*, ~ **pressure** Gasdruck *m.*, ~ **producer** Gaserzeuger *m.*, Generator *m.*, ~ **purification** Gasreinigung *f.*, ~ **regenerator** Gaskammer *f.*, ~ **-regenerator flue** Gaswechselkanal *m.*, ~ **uptake** Gasschacht *m.* am Brenner, ~ **washing** (= gas cleaning) Gasreinigung *f.*

gate (= stopper) FEED Absperrstein *m.*

gather (glass) v. Glas (aus der Schmelze) aufnehmen, *n.* Posten *m.*, Glasposten *m.*

gatherer Anfänger *m.*

gathering, ~ end Arbeitsende *n.*, Arbeitswanne *f.*, Entnahmeraum *m.*, **~ hole** Arbeitsloch *n.*, **~ iron** Anfangeisen *n.*, Aufnahmeeisen *n.*, **~ ring** (= gathering hole) Anfangring *m.*, Entnahmeloch *n.*, Arbeitsloch *n.*

gauffered (= goffered) DEC gelippt

ga(u)ge Prüflehre *f.*, Prüfmaß *n.*, Prüfwerkzeug *n.*, Stärke *f.*, Dicke *f.*, **~ glass** Schauglas *n.*

ga(u)ging and detecting machine Sortiermaschine *f.* für Glasbehälter

gear Zahnrad *n.*, Getrieberad *n.*, Getriebe *n.*

gearing Getriebe *n.*

gel GRP v. gelieren, *n.* Gel *n.*, **~ time** (= gelling time) GRP Gelzeit *f.*

Georgia green (glass) (= Zwischenstufe zwischen halbweißem und smaragdgrünem Glas); hellgrünes, lichtgrünes, blaßgrünes Glas *n.*

Georgian wire(d) glass Drahtglas *n.* mit sechseckigem Drahtgewebe

German sheet glass deutsches Tafelglas *n.*

gild vergolden

glare Blendwirkung *f.*, **~ -reducing glass** Blendschutzglas *n.*

glass v. emaillieren, mit Glasüberzug versehen, *n.* Glas *n.*, **~ analysis** Glasanalyse *f.*, **~ batch** Glasgemenge *n.*, **~ bath** Glasbad *n.*, **~ bead** Glasperle *f.*, **~ bell** Glasglocke *f.*, **~ blank** (Glas-)Preßling *m.*

~ block Glasbaustein *m.*,

~ blower Glasbläser *m.*,

~ -blower's chair Glasmacherbank *f.*, Glasmacherstuhl *m.*

~ -blower's lamp Glasbläserlampe *f.*, Gebläselampe *f.*, **~ -blowing lathe** Drehbank *f.* für Apparateglas, **~ body** Glaskörper *m.*, **~ bottle** Glasflasche *f.*, **~ box** Glasdose *f.*, **~ brick** s. glass block, **~ brush** Glasbürste *f.*, **~ bubbler** Waschflasche *f.*, **~ bulb** Glühbirne *f.*, Glaskolben *m.* (für Glühlampen), **~ -bulb forming machine** Glühlampenkolbenblasmaschine *f.*, Kolbenblasmaschine *f.* für Glühlampen, **~ button** Glasknopf *m.*, **~ cane** Glasstab *m.*, **~ capillary** Glaskapillare *f.*, **~ cement** Glaszement *m.*, **~ ceramic** Glaskeramik *f.*, keramisches Glas *n.* (z. B. Pyroceram), **~ chimney** Lampenzylinder *m.*, **~ cloth** GF Glasgewebe *n.*, **~ cock** Glashahn *m.*, **~ -colo(u)r** Glasfarbe *f.*, **~ component** Glasbestandteil *m.*, **~ composition** Glaszusammensetzung *f.*, **~ constituent** Glasbestandteil *m.*, **~ container** Glasbehälter *m.*, Glasgefäß *n.*, **~ cutter** Glasschleifer *m.*, Glaskugler *m.*, Zuschneider *m.* (von Flachglas), Glaserdiamant *m.*, **~ cutting** Glasschliff *m.*, Glasschnitt *m.*, **~ -cutting tool** Glasschneidwerkzeug *n.*, Glaserdiamant *m.*, **~ -cutting(work)shop** Glasschleiferei *f.*, Glasschneiderei *f.*, **~ cylinder** Glaszylinder *m.*, **~ decoration** Glasveredelung *f.*, Glasverzierung *f.*, **~ defect** Glasfehler *m.*, **~ depth** Glasbadtiefe *f.*, Glasstand *m.*, **~ dish** Glasschale *f.*, **~ drop** Glastropfen *m.*, Glasträne *f.*, **~ etching** DEC Glasätzung *f.*, Hyalographie *f.*, **~ eye** Glasauge *n.*

glass, ~fabric GF Glasgewebe *n.*, ~ factory Glasfabrik *f.*, Glashütte *f.*, ~ fibre (= fiber) Glasfaser *f.*, ~ -fibre cloth Glasfasergewebe *n.*, ~ -fibre filter Glasfaserfilter *n.*, ~ - fibre reinforced plastics glasfaserverstärkte Kunststoffe *m.* pl., ~ - fibre starved areas DEF GRP glasarme Stellen *f.* pl., ~ figurine Glasfigur *f.*, Glasplastik *f.*, ~ filament Glasfaden *m.*, ~ film Glasfolie *f.*, Glasfilm *m.*, ~ filter Glasfilter *n.*, ~ flow Glasströmung *f.*, ~ former Glasbildner *m.*, ~ forming Glasformung *f.*, Glasverarbeitung *f.*, Glasformgebung *f.*, ~ -forming machine Glasverarbeitungsmaschine *f.*, ~ -forming oxide Glasoxyd *n.*, ~ fragment Glassplitter *m.*, ~ frit Glasfritte *f.*, ~ funnel Glastrichter *m.*, ~ gilding DEC Glasvergoldung *f.*, ~ glue Glaskitt *m.*, Glasleim *m.*, ~ -grinding machine Glasschleifmaschine *f.*, ~ -grinding (work)shop Glasschleiferei *f.*, ~ hardness Glashärte *f.*, ~ harmonica Glasharfe *f.*, Glasharmonika *f.*, ~ house (= glass factory) Glasfabrik *f.*, Glashütte *f.*, ~ industry Glasindustrie *f.*, ~ ink Glastinte *f.*, ~ inlay(ing) DEC Glasintarsien *f.* pl., Glaseinlegearbeit *f.*, ~ instrument Glasinstrument *n.*, ~ insulator Glasisolator *m.*, ~ jalousie Glasjalousie *f.*, Lamellenglas *n.*, Lamellenfenster *n.*, ~ jar Glasgefäß *n.*, Glas *n.*, Glasglocke *f.*, ~ level Glasspiegel *m.*, Spiegellinie *f.*, Glasstand *m.*, ~ -level controller (=~ -level regulator) Glasstandregler *m.*,

~ -lined steel glasierter Stahl *m.*, Stahl *m.* mit Glasauskleidung, ~ louvre s. glass jalousie, ~ machinery Glasverarbeitungs- oder -bearbeitungsmaschinen *f.* pl., ~maker Glasmacher *m.*, Glashersteller *m.*, ~ -maker's bench Glasmacherstuhl *m.*, ~ making (= ~ manufacture) Glasfertigung *f.*, Glasherstellung *f.*, ~ manufacturer Glashersteller *m.*, Glasfabrikant *m.*, ~ marble GF Glaskugel *f.*, (= Ausgangsmaterial für Glasseide), ~ melting furnace Glasschmelzofen *m.*, ~ mosaic Glasmosaik *n.*, ~ mo(u)ld (Glas-) Form *f.*, ~ object Glasgegenstand *m.*, ~ package Glasverpackung *f.*, ~ painter Glasmaler *m.*, ~ painting DEC Glasmalerei *f.*, ~ pane Glasscheibe *f.*, ~ panel Glasplatte *f.*, ~ paper Glaspapier *n.*, ~ partition Glaswand *f.*, Trennwand *f.*, ~ pipe Glasröhre *f.*, Glasleitung *f.*, ~ piping Glasrohr(material) *n.*, Glasleitungen *f.* pl., ~ polisher Glaspolierer *m.*, ~ powder Glaspulver *n.*, Glasmehl *n.*, Glasstaub *m.*, Glasschnee *m.*, ~ preparation Schmelzen *n.* von Rohglas, ~ press Glaspresse *f.*, ~ printing Hyalographie *f.*, Glasätzung *f.*, ~ prism Glasprisma *n.*, Glasprisme *f.* (= massiver Glasbaustein), ~ properties Glaseigenschaften *f.* pl., ~ reflector Rückstrahler *m.*, Reflektor *m.*, ~ ribbon Glasband *n.*, ~ rod Glasstab *m.*, ~ roof Glasdach *n.*, ~ roofing Glasbedachung *f.*, ~ sign(board) Glasschild *n.*, ~ silvering Glasversilberung *f.*

glass, ~ **slab** Glasplatte *f.*, ~ **sphere** Glaskugel *f.*, ~ **stain** DEC Farbbeize *f.*, ~ **staining** Glasmalerei *f.* (von Kirchenfenstern), ~ **stopper** Glasstopfen *m.*, Glasstöpsel *m.*, ~ **structure** Glasstruktur *f.*, ~ **syringe** Glasspritze *f.*, ~ **tear** (= ~ drop) Glastropfen *m.*, Glasträne *f.*, ~ **technologist** Glastechnologe *m.*, ~ **technology** Glastechnologie *f.*, ~ **thread** Glasgarn *n.*, ~ **tile** Glasziegel *m.*, Glasfliese *f.*, ~ **-to-metal seal** Glas-Metallverschmelzung *f.*, ~ **tube** (or ~**tubing**) Glasröhre *f.*, Glasrohr *n.*, Röhrenglas *n.*, ~ **tumbler** Trinkbecher *m.*, Glasbecher *m.*, ~**vessel** (= ~**container**) Glasbehälter *m.*, Glasgefäß *n.*, ~ **wall** Glaswand *f.*, ~ **ware** Glasartikel *m. pl.*, Glaswaren *f. pl.*, ~ **window** Glasfenster *n.*, ~ **wool** GF Glaswolle *f.*, ~ **-wool blanket** GF Glaswollebahn *f.*, ~ **worker** Glashüttenarbeiter *m.*, ~**working** Glasverarbeitung *f.*, ~ **works** (= ~factory) Glasfabrik *f.*, Glashütte *f.*

glassy glasartig, glasig

glass yarn Glasgarn *n.*

glassy, ~ **malt** Glasmalz *n.*, ~ **state** glasiger Zustand *m.*

glaze v. glasieren, verglasen, feuerpolieren (von geschliffenem Glas), verwärmen, *n.* Glasur *f.*

glazed pot glasierter Hafen *m.*, eingeglaster Hafen *m.*

glazier Glaser *m.*

glazier's lead Glaserblei *n.*

glazier's putty Glaserkitt *m.*

glazing Glasieren *n.*, Verglasen *n.*, Feuerpolieren *n.*, Verwärmen *n.*

glory hole Anwärmeloch *n.*, Aufwärmeloch *n.*, Anwärme-, Auftreibofen *m.*

gloss Glanz *m.*

gob (**of glass**) Glasposten *m.*, Posten *m.*, Tropfen *m.*, ~ **delivery** Einfüllen *n.* des Postens (in die Vorform), ~ **-fed machine** Speisermaschine *f.*, Feedermaschine *f.*, ~ **feeder** Postenspeiser *m.*, Tropfenspeiser *m.*

goblet Pokal *m.*, Kelchglas *n.*

gob, ~ **process** Speiserverfahren *n.*, Feederverfahren *n.*, ~ **speed** Schnittzahl *f.*

goggles Augengläser *n. pl.*, Brille *f.*

gold, ~ **-plate** DEC vergolden, ~ **ruby glass** Goldrubinglas *n.*

governor Regler *m.*

graded seal Verschmelzstück *n.* (zwischen Glas und Metallverschmelzungen), Zwischenstück *n.* mit abgestuften Ausdehnungskoeffizienten

graduated, ~ **flask** Meßkolben *m.*, ~ **vessel** Meßgefäß *n.*

grain size Korngröße *f.*

granular soda ash granulierte, gekörnte Soda *f.*

granulate granulieren

graphite Graphit *m.*

grate Rost *m.*, Gitter *n.*, ~ **firing** Rostfeuerung *f.*

gray glass Grauglas *n.*

green glass Grünglas *n.*

greenhouse Gewächshaus *n.*, Treibhaus *n.*

green, ~ **stain** Grünbeize *f.*, ~ **tint** halbweiß

grey DEF rauh, narbig, nicht gut auspoliert, ~ **cut(ting)** Rauhschliff *m.* (vor Polieren), ~ **glass** s. gray glass

grid checker packing FUR Rostpackung *f.*

grill(age) FUR Rost *m.*, Trägerrost *m.*

grille GF Gitter *n.*, Gestell *n.*,
Gerüst *n.* (an dem die Haube
befestigt ist)

grind mahlen, schleifen, **~ down**
abschleifen, justieren (bei Flach-
glaskanten)

grinder Schleifmaschine *f.*

grind fine feinschleifen, savonnieren, doucieren (= dossieren)

grinding Mahlen *n.*, Schleifen *n.*,
~ block Schleifblock *m.*, **~ head**
Schleifkopf *m.*, Schleifscheibe *f.*,
Ferasse *f.*, **~ machine** Schleifmaschine *f.*, **~ material** Schleifmittel *n.*, **~ runner,** s. grinding
head, **~ sand** Schleifsand *m.*,
~ table Schleiftisch *m.*, **~ wheel**
(= grinding disk) Schleifscheibe
f., Ferasse *f.*

grog (gebrannte) Schamotte *f.*,
Hafenbruch *m.*, **~ mortar** Schamottemörtel *m.*

groove Rille *f.*, Nut(e) *f.*

gross heating value (= gross
calorific value) oberer Heizwert
m., Verbrennungswärme *f.*

ground, ~ fireclay gemahlener ff.
Ton *m.*, **~ glass** geschliffenes
Glas *n.*, **~ ~ stopper** eingeschliffener Glastöpsel *m.*, Glasschliff *m.*, **~ (-in-)joint** einge-
schliffene Glastöpsel-Verbin-
dung *f.*, Glasschliff *m.*, **~ plate
glass** geschliffenes Spiegelglas *n.*

guard Schutzblech *n.*, Schutzgit-
ter *n.*

guide ring IS Führungsring *m.*,
Deckring *m.*

guillotine GF Schlagmesser *n.*

gum arabic Gummiarabikum *n.*

gypsum Gips *m.*

H

hackle marks rauhe Bruchfläche *f.*,
Zerklüftung *f.*, Zerfurchung *f.*
(des Bruchbildes), s. coarse und
fine hackle

Hager crown Hager-Kranz *m.*,
Hager-Ring *m.*

Hager disk (= disc) Hager-
Schleuderscheibe *f.*

hairline (crack) DEF feiner (Kalt)-
Riß *m.*, Sprung *m.*, Haarriß *m.*

half, ~ arch FUR Halbwölber *m.*,
~ crystal (= demi-, semi-crystal)
Halbkristall *m.*

hammered, ~ bottle surface DEF
„gehämmerte" Flaschenoberfläche *f.*, **~ glass** gehämmertes
Glas *n.*

hammer mill Hammermühle *f.*

hand-blown glass s. hand-made
glass

hand-cylinder method Zylinderverfahren *n.* (veraltet)

hand lay-up method GRP Hand-
schichtverfahren *n.*

handled jug Henkelflasche *f.*

handling (innerbetrieblicher)
Transport *m.* und Lagerung *f.*,
Anfassen *n.*, Umgang *m.*, (Ma-
terial-)Fluß *m.*

hand-made glass mundgeblasenes
Glas *n.*

hank GF Strähne *f.*

"hard" blister DEF Bläschen *n.*,
das tief im Glas eingebettet liegt

harden härten

hardener GRP Härter *m.*

hard glass Hartglas *n.*, gehärtete
Glas *n.*

hardness Härte *f.*, **~ number** Härtezahl *f.*

hardware cloth Metallgewebe *n.*

header Sammelrohr *n.*, Hauptleitung *f.*, Binder(stein) *m.*, Strecker *m.*

headlight Scheinwerfer *m.* (vom Auto)

headspace Freiraum *m.* (in einer Flasche)

hearth FUR Herdfläche *f.*, Herdraum *m.*, Ofenraum *m.*

heat v. erhitzen, heizen, beheizen, *n.* Hitze *f.*, Wärme *f.*, ~ -absorbing glass wärmeabsorbierendes Glas *n.*, Wärmeschutzglas *n.*, ~ absorption Wärmeaufnahme *f.*, Wärmeabsorption *f.*, ~ absorptivity Wärmeaufnahmevermögen *n.*, ~ balance Wärmebilanz *f.*, ~ capacity Wärmeinhalt *m.*, ~ cleaning Flammensäuberung *f.*, Heißreinigung *f.*, ~ -conditioning section FEED Wärmevorbereitungsabschnitt *m.* (des Speiserkanals), ~ conducting wärmeleitend, ~ conductance Wärmeleitung *f.*, ~ conduction s. heat conductance, ~ conductivity Wärmeleitfähigkeit *f.*, ~ conductor Wärmeleiter *m.*, ~ consumption Wärmeverbrauch *m.*, ~ contents s. heat capacity, ~ convection Wärmekonvektion *f.*, ~ exchanger Wärmeaustauscher *m.*, ~ flow Wärmefluß *m.*

heating *n.* Erhitzen *n.*, Heizen *n.*, Beheizen *n.*, Heizung *f.*, Beheizung *f.*, ~ area Heizfläche *f.*, ~ chamber Heizraum *m.*, Herdraum *m.*, ~ -up flue Temperfuchs *m.*, ~ -up schedule Temperkurve *f.*, Temperplan *m.*, ~ value or power (= calorific value) Heizwert *m.*, Verbrennungswärme *f.*

heat, ~ input Wärmezufuhr *f.*, ~ -insulated wärmeisoliert, ~ -insulating wärmedämmend, wärmeisolierend, ~ insulation Wärmeisolierung *f.*, ~ loss Wärmeverlust *m.*, ~ of combustion Verbrennungswärme *f.*, ~ of formation Bildungswärme *f.*, ~ of fusion Schmelzwärme *f.*, ~ recovery Wärmerückgewinnung *f.*, ~ ~ system Wärmerückgewinnungsanlage *f.*, ~ reflecting wärmereflektierend, ~ resistance Hitzebeständigkeit *f.*, Wärmebeständigkeit *f.*, Temperaturbeständigkeit *f.*, ~ resistant (or resisting) wärmebeständig, hitzebeständig, temperaturbeständig, ~ -resisting glass feuerfestes Glas *n.*, hitzebeständiges Glas *n.*, ~ source Wärmequelle *f.*, ~ storage Wärmespeicherung *f.*, ~ -strengthen v. härten, ~ -strengthened glass gehärtetes Glas *n.*, ~ transfer Wärmedurchgang *m.*, Wärmeübergang *m.*, Wärmeübertragung *f.*, ~ -transfer coefficient Wärmeübergangszahl *f.*, Wärmedurchgangszahl *f.*, Wärmeleitzahl *f.*

heat-transfer coefficients as defined by Owens-Corning Fiberglas, USA:

"C" value (or factor) (= thermal conductance), B.T.U./hour sq. ft. °F, Wärmedurchgangszahl *f.* (hauptsächlich gebraucht für kombinierte Materialien mit genormter Verlegungsstärke)

"K" value (or factor) (= thermal conductivity), B.T.U. in/hour sq. ft. °F, Wärmeleitzahl (λ) *f.*

heat-transfer coefficients: "R" value (or factor) (= resistance or resistivity), sq. ft. h. °F/B.T.U. Wärmedurchlaßwiderstand *m.* für gegebene Stärke, "U" value (or factor) (= thermal transmittance) B.T.U./hour sq. ft. °F Wärmedurchgangszahl (k) *f.*

heat, ~ **transmission** Wärmeübertragung *f.*, Wärmedurchlässigkeit *f.*, ~ **-treated glass** (= toughened glass) gehärtetes Glas *n.*, ~ **treatment** Wärmebehandlung *f.*, ~ **-up** antempern, anheizen, tempern, ~ **yield** Wärmeabgabe *f.*

heavy base (= heavy bottom = heavy base ware) 1. dicker Boden *m.*, Bodeneis *n.*, Eisfuß *m.*, Eisboden *m.*, 2. Fußbecher *m.*

heavy (fuel) oil Schweröl *n.*

heel tap DEF schiefer Boden *m.*

height Höhe *f.*, ~ **of arch** (or curve) FUR Pfeilhöhe *f.*

hermetic seal luftdichter Verschluß *m.*

heterogeneous heterogen, inhomogen

high, ~ **alumina refractories** hochtonerdehaltiges Material *n.*, Schamottesteine *m.* pl. mit $50-80\%$ Al_2O_3, ~ **duty silica** REF tonerdearmes Silikamaterial *n.*, ~ **-heat duty fire brick** REF Schamottestein *m.* mit $35-42\%$ Al_2O_3 und $52-60\%$ SiO_2, ~ **-pressure burner** Hochdruckbrenner *m.*, ~ **-pressure-grease gun** Druckschmierapparat *m.*, ~ **-relief carving** DEC Hochschnitt *m.*, Hochschliff *m.*, ~ **-temperature resistance** Hitzebeständigkeit *f.*, Hochtempera-

turfestigkeit *f.*, ~ **-transmission glass** stark lichtdurchlässiges Glas *n.*

hock bottle Rheinweinflasche *f.*, Schlegelflasche *f.*

hoe Bügelholz *n.*, Streckeisen *n.*

hog(ging) DEF Apfelsinenhaut *f.*, Froschhaut *f.*, Wasserhaut *f.*

hold (over) kaltschüren

holding, ~ **heat** FUR Leerlaufverbrauch *m.*, Leerwert *m.* (um den Ofen ohne Produktion auf Temperatur zu halten), ~ **ring** (= transfer bead) Halsring *m.*, Haltering *m.*

hollow, ~ **cut(ting)** DEC Hohlschliff *m.*, ~ **flint glass** Weißhohlglas *n.*, ~ **foot** Hohlfuß *m.* (beim Kelchglas), ~ **glass block** Hohlglasbaustein *m.*, ~ ~ ~ **sealing machine** Verschweißmaschine *f.* für Hohlglasbausteine, ~ **glassware** (= container glass(ware)) Hohlglas *n.*, Behälterglas *n.*, ~ **neck** DEF dünnwandiger Flaschenhals *m.*

home canning jar (= preserving jar) Haushaltskonservenglas *n.*

homogeneity Homogenität *f.*

homogeneizer Rührwerkzeug *n.* (für optisches Glas, bzw. im Speiser), auch Läutermittel *n.*

homogeneous glass homogenes Glas *n.*

homogenization Homogenisierung *f.*

honey jar Honigglas *n.*

hood 1. GF, Haube *f.* 2. Stiefel *m.* (= potette, boot)

hooded pot (= closed pot) gedeckter Hafen *m.*, Kappenhafen *m.*

hook GF Haken *m.*

hopper Trichter *m.*, ~ **(bottom) car** Trichterwagen *m.*

horizontal, ~ regenerator FUR liegende Regenerativkammer *f.*, **~ setting** FUR Flachlagenbauweise *f.*

horseshoe, ~ -fired furnace (= end fired furnace) U-Flammenwanne *f.*, Hufeisenflammenwanne *f.*, **~ flame** U-Flamme *f.*

horticultural, ~ cathedral glass Gartenklarglas *n.*, **~ glass** Gartenglas *n.*, Gärtnereiglas *n.*, **~ sheet glass** Gartenblankglas *n.*

hotbed window Frühbeetfenster *n.*

hot, ~ checking DEF Heißrißbildung *f.*, **~ checks** DEF 1. Heißrisse *m.* pl., Hitzesprünge *m.* pl., 2. Prüfungen *f.* pl. vor Kühlofenbehandlung, **~ end** FUR Schmelzwanne *f.* des Ofens, Eintrageende *n.* des Kühlofens, **~ -end operations** Arbeitsvorgänge *m.* pl. am heißen Glas (Schmelzen, Formgeben und Kühlen)

hothouse Gewächshaus *n.*, Treibhaus *n.*

hot, ~ repair FUR Heißreparatur *f.*, **~ spot** FUR heiße Stelle *f.*, Quellpunkt *m.*, **~ -stage microscope** Erhitzungsmikroskop *n.*

HT (= hundred thousandths") 1/100 000" (Maß für den Glasfaserdurchmesser)

hue Farbton *m.*, Farbtönung *f.* (Munsell-System)

(relative) humidity Feuchtigkeit *f.*, relative Luftfeuchte *f.*

hydrated lime gelöschter Kalk *m.*

hydraulic test Wasserdruckprobe *f.*

hydrocarbons Kohlenwasserstoffe *m.* pl.

hydrochloric acid Salzsäure *f.*

hydrofluoric acid Flußsäure *f.*

hydrogen Wasserstoff *m.*

hydrolysis Hydrolyse *f.*

hydrostatic pressure test hydrostatische Druckprüfung *f.*, Innendruckprüfung *f.*

hygrometer Feuchtigkeitsmesser *m.*

hygroscopic hygroskopisch, wasseranziehend

hygroscopicity Hygroskopizität *f.*

hysteresis Hysterese *f.*

I

idle fortheizen (ohne Produktion bei Arbeitstemperatur), **~ load** FUR Leerlaufverbrauch *m.* (an Brennstoff), Leerwert *m.*, **~ stroke** Leertakt *m.*

ignite verglühen

ignition, ~ loss Glühverlust *m.*, **~ point** (= ignition temperature) Zündpunkt *m.*

illuminating glass ware Beleuchtungsglas *n.*

immersion thermocouple Eintauch-Thermoelement *n.*

impact strength Schlagfestigkeit *f.*, Stoßfestigkeit *f.*, **~ test** (mechanische) Stoßprüfung *f.*

implosion Implosion *f.* (= Einsturz infolge Vakuums bei Fernsehröhren)

impost FUR Widerlager *n.*

impregnate imprägnieren

impurities DEF Unreinheiten *f.* pl.

imputrescible fäulnisfest, fäulnissicher

incandescent lamp Glühlampe *f.*

incidence of rays Strahleneinfall *m.*

incident ray einfallender Strahl *m.*

inclined tube manometer Schrägrohrmanometer *n.*

included angle of arch FUR Zentriwinkel *m.* der Gewölbewiderlager

incombustible unbrennbar

incrustation DEC Inkrustation *f.*

incrusted glass DEC inkrustiertes Glas *n.*

index of refraction Brechungsindex *m.*

indicator Anzeigegerät *n.*

indirect cooling indirekte Kühlung *f.* (durch Einblasen von Kaltluft in Wärmeaustauscher)

induced draft (= forced draft) künstlicher Zug *m.*, Saugzug *m.*

induction melting Induktionsschmelzen *n.*

industrial gas Ferngas *n.*

inert reaktionsträge, inert

infiltrated air Falschluft *f.*

inflammability (= flammability) Entflammbarkeit *f.*

inflammable (= flammable) entflammbar

influent side FUR Einzugseite *f.*

infrared, ~ absorption Infrarotabsorption *f.*, Ultrarotabsorption *f.*, **~ transmission** (or **transmittance**) Infrarotdurchlässigkeit *f.*, Ultrarotdurchlässigkeit *f.*, **~ transmitting glass** infrarotdurchlässiges Glas *n.*

ingoing side (= influent side) FUR Einzugseite *f.*

inhibitor GRP Hemmungskörper *m.*

inhomogeneity DEF Inhomogenität *f.*

inhomogeneous glass DEF inhomogenes Glas *n.*, heterogenes Glas *n.*

ink-pot Tintenfaß *n.*

inlaid work DEC (Glas-)Intarsien *f. pl.*

inlet Eintrittsöffnung *f.*, **~ blower** Einzugsgebläse *n.*, **~ burner** (or **port**) Brenner *m.* auf der Einzugseite, **~ side** FUR Einzugseite *f.*

inner width Innendurchmesser *m.*, lichte Weite *f.*

inside diameter s. inner width, corkage or bore

inspect prüfen, sortieren

inspection Prüfung *f.*, Sortierung *f.* auch Sortierkontrolle *f.*, **~ glass** Prüfglas *n.*, Schauglas *n.*, **~ hole** Schauloch *n.*, Guckloch *n.*, **~ light** Prüflampe *f.*

inspector Sortierer *m.*, Nachprüfer *m.*

instability Unbeständigkeit *f.*

instable unbeständig

instrumentation Instrumentierung *f.*, Ausrüstung *f.* mit Meß-Instrumenten

insulate isolieren

insulating, ~ blanket GF Isolierbahn *f.*, **~ brick** Isolierstein *m.*, **~ coefficient** Isolierwert *m.*, **~ compound** Isoliermasse *f.*, **~ jacket** Isoliermantel *m.*, **~ material** Isoliermaterial *n.*, **~ paper** Isolierpapier *n.*, **~ power** Isoliervermögen *n.*, -wert *m.*, **~ property** Isoliervermögen *n.*, **~ sheath** Isolierschlauch *m.*, **~ sleeving** s. insulating sheath, **~ value** Isolierwert *m.*

insulation Isolierung *f.*

insulator Isolator *m.*

insweep Bodenkante *f.*, Übergang *m.* zum Flaschenboden, eingezogener unterer Teil *m.* des Flaschenkörpers

intaglio DEC Flachschliff *m.*, Flachschnitt *m.*

inter-conveyor Zwischenband *n.*

interfacial tension Grenzflächenspannung *f.*

interference Interferenz *f.*

interferometer Interferometer *n.*

interlayer Zwischenlage *f.*, Zwischenschicht *f.*

intermediate, ~ glass formers Glasbestandteile *m. pl.*, die allein kein Glas bilden, **~ level throat** FUR halbtiefer Durchlaß *m.*

internal, ~ cooling Innenkühlung *f.*, **~ cooling blow pipe** IS Ausblaserohr *n.*, **~ friction** innere Reibung *f.*, **~ pressure strength** Innendruckfestigkeit *f.*, **~ screw finish** Innengewindemündung *f.*, **~ transmittance** innerer Durchlässigkeitsgrad *m.*, innerer Transmissionsgrad *m.*, Reintransmissionsgrad *m.*

interstitial atom Zwischengitteratom *n.*

intrinsic strength arteigene Festigkeit *f.*

inventories Lagerbestand *m.*

invert (= inversion) IS Übergabe *f.* des Külbels, Umkehrung *f.* des Külbels, Külbelschwenkbewegung *f.*, **~ arch** FUR Entlastungsbogen *m.*, **~ centre** (= center) IS Umkehrachse *f.*, **~ mechanism** IS Umkehrmechanismus *m.*, Übergabemechanismus *m.*, Külbelschwenkmechanismus *m.*

invisible glass reflexfreies Glas *n.*

iridescence Irisieren *n.*, Irideszenz *f.*

iridescent glass Irisglas *n.*, irisierendes Glas *n.*

iron Eisen *n.*, **~ -aventurine (glass)** Eisenaventuringlas *n.*, **~ -colo(u)red glass** eisengefärbtes Glas *n.*, **~ -manganese colo(u)red glass** Eisenmanganglas *n.*, **~ oxide** Eisenoxyd *n.*, **~ sulphide** (= sulfide) Schwefeleisen *n.*

irradiation Bestrahlung *f.*

IS-Machine (= individual section machine) IS-Maschine *f.*

J

jack, ~ arch FUR Entlastungsbogen *m.*, Stützbogen *m.*, auch Drehtankgewölbe *n.*, **~ bricks** REF Tonsteine *m. pl.*, die um neue Häfen im Ofen gesetzt werden

Jacobite glasses HIST alte englische Gläser *n. pl.* aus der Stuart-Epoche

jalousie glass Jalousieglas *n.*

jamb Pfosten *m.*

jam jar Marmeladenglas *n.*, Konfitürenglas *n.*

Jena glass Jenaer Glas *n.*

jeroboam große Sektflasche *f.* von $102^2/_5$ Uz. Inhalt (ca. 3 l)

job Arbeit *f.*, Posten *m.*, Artikel *m.*, Sorte *f.*, **~ change** Sortenwechsel *m.*, Fabrikationswechsel *m.*, Umbau *m.*, **~ efficiency** Ausbeute *f.* (= Verhältnis gefertigter zu guter (verpackter) Ware (ohne Ausschuß))

joint Fuge *f.*, Verbindung(sstelle) *f.*, **~ line** (= parting line) Trennfuge *f.*, Formennaht *f.*

jolt-ramming machine (= jolter) Rüttler *m.*

journey (= trip) Umlauf *m.* (einer Pfandflasche)

jug Krug(flasche) *m.* (*f.*)

junction Lötstelle *f.*, Schweißstelle *f.* (beim Thermoelement)

K

kaolin MIN Kaolin *n.*

kaolinite Kaolinit *m.*, Porzellanerde *f.*

Kaylo insulation Kaylo-Isolierung
f. (Kaylo = Warenzeichen von
Owens-Illinois für eine hochtem-
peraturfeste Isolierung aus Kalziumsilikat)
key Keil *m.*, Gewölbekeil *m.*,
Schlüssel *m.*, ~ **brick** FUR Abschlußstein *m.*
keystone GF Abstandhalter *m.* (am
Gebläse)
kieselguhr Diatomeenerde *f.*, Kieselgur *f.*
kiln Brennofen *m.* (für keramische
Artikel) seltener: Kühlofen *m.*
kinematic viscosity kinematische
Viskosität *f.*
kink GF DEF Schlaufe *f.*
knitting machine GF Strickmaschine *f.*
knot DEF Knoten *m.*
knurl Nörpelung *f.*
Kraft paper Kraftpapier *n.*, starkes
Packpapier *n.*
"K" value (or factor) Wärmeleitzahl (λ) *f.*
kyanite REF Cyanit *m.*, ~ **block**
Cyanitstein *m.*

L

label v. etikettieren, *n.* Etikett *n.*
labeling machine Etikettiermaschine *f.*
label space (= label panel) Etikettfläche *f.* (auf der Flasche)
laboratory Laboratorium *n.*,
~ **furnace** Laboratoriumsofen *m.*
Probeschmelzofen *m.*, ~ **glass**
Laboratoriumsglas *n.*, ~ **test** La-
boratoriumsversuch *m.*
lace glass DEC Fadenglas *n.*, Filigranglas *n.*, Netzglas *n.*, genetztes Glas *n.*
lacquer v. lackieren, *n.* Lack *m.*

ladders (= washboard) DEF 1. Falten *f.* pl., „Waschbrett" *n.*,
2. Bretterlage *f.* (beim Röhrenziehen)
ladle Schöpfkelle *f.*
ladled-out sample Schöpfprobe *f.*
ladler Gießer *m.*, Ausschöpfer *m.*
lagging, ~ **cloth** GF Abschlußman-
tel *m.* (für isolierte Kessel,
Rohrleitungen usw.), ~ **tape** GF
Abschlußband(age) *n.* (*f.*) (für
isolierte Kessel, Rohrleitungen
usw.)
laminate GRP v. schichten, *n.*
Schichtkörper *m.*, Verbundkör-
per *m.*, Laminat *n.*
laminated, ~ **(safety) glass** Mehr-
schichten(sicherheits)glas *n.*,
Verbund(sicherheits)glas *n.*,
~ **plastics** Kunststoff-Schicht-
körper *m.* pl.
lamp Lampe *f.*, Leuchte *f.*, ~ **base**
Glühlampensockel *m.*, ~ **black**
Lampenruß *m.*, ~ **-blown glass**
s. lampworked glass, ~ **chimney**
Lampenzylinder *m.*, ~ **shade**
Lampenschirm *m.*, ~ **-worked
glass (ware)** lampengeblasenes
Glas *n.*, vor der Lampe geblasenes Glas *n.*, ~ **worker** Lampenbläser *m.*, ~ **working** Lampen-
arbeit *f.*, Lampenbläserei *f.*
lanthanum, ~ **crown (glass)**
Lanthankron(glas) *n.*, ~ **flint
(glass)** Lanthanflint(glas) *n.*
lap Polierrad *n.*, DEF Falte *f.*,
Verfaltung *f.*
lapping machine Poliermaschine *f.*
latch IS Raste *f.* (am Ventilkasten)
lathe Drehbank *f.*
lattice Gitter *n.*, Kristallgitter *n.*,
Netz(werk) *n.* ~ **constant** Git-
terkonstante *f.*

latticed partition FUR Gittermauerwerk *n.*

"latticinio" glass (= lace glass) Fadenglas *n.*, Filigranglas *n.*, Netzglas *n.*, genetztes Glas *n.*

lava glass Lavaglas *n.*

lavender oil DEC Lavendelöl *n.*

layer Aufleger *m.*, Aufgipser *m.*

laying, ~ table Poliertisch *m.*, Schleiftisch *m.*, **~ yard** Auflegewerkstatt *f.*

lay-out (of factory) Fabrikplan *m.*, Anordnung *f.*, Werksanordnung *f.*

lay up v. schichten GRP, auflegen (Rohglas vor dem Schleifen), GRP *n.* harzgetränkte Glasfaserverstärkung *f.*

leaching of glass Auslaugen *n.* von Glas

lead v. verbleien (Fenster), *n.* 1. Blei *n.*, 2. EL Leitung *f.*, **~ -alkali silicate glass** Bleiglas *n.*, **~ -borate glass** Bleiboratglas *n.*, **~ crown** Kron-Flint *n.*, **~ crystal** Bleikristall *m.*, Bleiglas *n.*, **~ frame** Bleisprosse *f.*, Bleistreifen *m.*, Bleirute *f.*, **~ framing** Bleiverglasung *f.*, **~ glass** Bleiglas *n.*, **~ oxide** Bleioxyd *n.*, Mennige *f.*

leaf-and-stem (decoration) DEC Stengel-Blattschliff *m.*

leaf cut DEC Blattschliff *m.*

leaker DEF undichte Flasche *f.*

leaky ring DEF undichte, leckende Mündung *f.*

leaner DEF schiefe Flasche *f.*, Flasche *f.* mit unebenem Boden

lehr (= annealing lehr) Kühlofen *m.*, Kühltunnel *m.*, **~ attendant** (= ~ man, ~ minder, ~ operator) Kühlofenwärter *m.*, **~ belt** (= ~ mat) Kühlofenband *n.*,

~ breakage Kühlbruch *m.*,

~ cracks DEF Bodenrisse *m.* pl.,

~ loader (= stacker) Kühlofen-Eintragevorrichtung *f.*, Kühlofenbeschicker *m.*

lemonade bottle Limonadenflasche *f.*

lemon squeezer Zitronenpresse *f.*

length Länge *f.*

lens Linse *f.*, Glaslinse *f.*, Objektiv *n.*, **~ aperture** Objektivöffnung *f.*, **~ barrel** Linsenfassung *f.*, Tubus *m.*, **~ blank** Linsenpreßling *m.*, **~ combination** Linsenfolge *f.*, Linsensatz *m.*, Objektivsatz *m.*, **~ -fronted tubing** vergrößernde Thermometerröhre *f.*, **~ holder** Linsenträger *m.*, **~ mount** (= ~ barrel) Linsenfassung *f.*, **~ panel** Prismenscheibe *f.*, **~ ring** Objektivring *m.*, **~ system** (= ~ combination) Linsenfolge *f.*, Linsensatz *m.*, Objektivsatz *m.*

levelling screw Nivellierschraube *f.*

lever Hebel *m.*, auch Taste *f.* im Ventilkasten der IS-Maschine, **~ stopper** Hebelverschluß *m.*, **~ ~ finish** Mündung *f.* für Hebelverschluß

Leyden jar Leydener Flasche *f.*

lid Deckel *m.*

lie by (den Ofen) fortheizen (ohne Produktion auf Arbeitstemperatur)

life Lebensdauer *f.*, Haltbarkeit *f.*, Festigkeit *f.*

light 1. hell, 2. leicht, dünnwandig (als Fehler), *n.* Licht *n.*, Fensterscheibe *f.*, **~ barium crown (glass)** Barytkron(glas) *n.*, **~ barium flint (glass)** Barytleichtflint(glas) *n.*, **~ bottom** DEF dünner Boden *m.*

light, ~**-diffusing glass** lichtstreuendes Glas *n.*, ~ **diffusion** Lichtstreuung *f.*, ~ **engraving** DEC Leichtgravur *f.*, ~ **-fast colo(u)r** lichtechte Farbe *f.*, ~ **flint(glass)** Leichtflint(glas) *n.*, ~**green glass** halbweißes Glas *n.*

lighting, ~ **fixture** Leuchte *f.*, Lampe *f.*, Beleuchtungskörper *m.*, ~ **glass ware** Beleuchtungsglas *n.*

lightness Helligkeit *f.*

light, ~ **ray** Lichtstrahl *m.*, ~ **refraction** Lichtbrechung *f.*, ~ **sides** DEF dünne Flaschenwände *f.* pl., ~ **soda (ash)** leichte Soda *f.*, ~ **source** Lichtquelle *f.*, ~ **transmission** Lichtdurchlässigkeit *f.*, ~**ware** DEF Artikel *m.* mit schlechter Glasverteilung, ~ **-weight bottle** Leicht(gewicht)-flasche *f.*

lignite Braunkohle *f.*

lime Kalk *m.*, auch Kalkstein *m.*, ~ **-borate glass** Kalkboratglas *n.*, ~ **crown glass** Kalkkristallglas *n.*, Kalkkronglas *n.*, ~ **(soda) glass** Kalkglas *n.*

limestone Kalkstein *m.*, ~ **flour** Marmormehl *n.*

limewater Kalkwasser *n.*

limonite brauner Glaskopf *m.*, Brauneisenstein *m.*

linear, ~ **decoration** Linienverzierung *f.* Liniendekor *n.*, ~ **etching** (= line etching) DEC Linienätzung *f.*

line, ~ **cutting technique** DEC Linientechnik *f.*, ~ **-over-finish** DEF Mündungsfalte *f.*

lining Auskleidung *f.*, Futter *n.*, Ausmauerung *f.*

link mesh belt Drahtgeflechtband *n.*

linseed oil DEC Leinöl *n.*

lip Lippe *f.* (einer Flasche)

lipper HM Werkzeug *n.* zum Formen der Gießtülle an einem Krug

liqueur bottle Likörflasche *f.*

(liquid) bright metals DEC metallische Reflexe *m.* pl., Lüsterfarben *f.* pl.

liquid level indicator Glasstandanzeiger *m.*

Liquidus temperature Liquidustemperatur *f.*

liquor bottle Flasche *f.* für alkoholhaltige Getränke, Spirituosenflasche *f.*

lithium, ~ **oxide** Lithiumoxyd *n.*, ~ **glass** Lithiumglas *n.*

Littleton point ($10^{7,6}$ poise) Littleton-Punkt *m.*, Erweichungspunkt *m.*

load v. belasten, beladen, füllen (Tropfen in die Vorform), *n.* Belastung *f.* (eines Ofens, ausgedrückt in t/24 h) (=output, pull)

loaded fibre (= fiber) **method** Fadenziehmethode *f.* (zur Viskositätsbestimmung)

loading, ~ **mark** DEF Füllfalte *f.*, ~ **position** IS Füllstellung *f.*, Ladestellung *f.*

locking ring Halsring *m.* (einer Flasche), Mündungsring *m.* (zum Festhalten einer Folienkapsel)

log viscosity Log-Viskosität *f.*

long, ~ **-distance gas** Ferngas *n.*, ~ **glass** langes Glas *n.*, ~ **-period test** Langzeitversuch *m.*

longitudinal, ~ **flow** Längsströmung *f.*, ~ **shear** Längsschub *m.*

loom GF Webstuhl *m.*

loose glass DEF lose Glasstückchen *n.* pl., Glassplitter *m.* pl.

lot Menge *f.*, Los *n.* (Qualitätskontrolle)
louvered glass Gitterglas *n.*
louvres (Glas-)Jalousien *f.* pl.,
Lamellen *f.* pl.
Lovibond glass gefärbtes Spezialglas *n.* (als Filterglas für Ölun-
tersuchung)
low actinic ware UV-strahlenge-
schütztes Glas *n.*
lower control limit (= LCL) untere
Kontrollgrenze *f.*
low, ~ **powered microscope**
schwach vergrößerndes Mikroskop *n.*, ~ -**pressure burner** Nie-
derdruckbrenner *m.*, ~ **pressure
resin** Niederdruckharz *n.*, Kontaktharz *n.*, ~ -**relief carving**
DEC Tiefschnitt *m.*
lozenged glass gerautetes (Guß-)
Glas *n.* Rautenglas *n.*
lubricant Gleitmittel *n.*, Schmiermittel *n.*, ~ **pad** Schmälzekissen *n.*
lubricate schmieren
lubricating pad (= lubricant pad)
Schmälzekissen *n.*
lubrication Schmierung *f.*
lug cap Bajonettverschluß *m.*
luminaire (Klassifizierung für) Be-
leuchtungsanlage *f.*
luminance (=brightness, brilliance,
brilliancy) Leuchtdichte *f.*,
Brillanz *f.*
luminescent tube (= ~ tubing)
Leuchtstoffröhre *f.*
luminosity (of a flame) Leucht-
kraft *f.* (einer Flamme)
luminous, ~ **flame** leuchtende
Flamme *f.*, Rauchfeuer *n.*, ~ **indicator panel** Leuchtschaltbild
n., ~ **source** (= light source)
Lichtquelle *f.*
lustre DEC Lüster *m.*, ~ **colo(u)rs**

Lüsterfarben *f.* pl., ~ **glasses**
Lüstergläser *n.* pl. ~ **stain** Glanz-
beize *f.*, Lüster-Glasmalerei *f.*
luxury glass Luxusglas *n.*

M

machine v. bearbeiten, *n.* Maschine
f., ~ -**made glass** Maschinen-
glas *n.*, ~ **operator** Maschinist *m.*
machining Bearbeitung *f.*
magnesia Magnesia *f.*, Magnesiumoxyd *n.*
magnesite brick REF Magnesitstein
m. (83—93% MgO, 2—7%
Fe_2O_3)
magnesium Magnesium *n.*, ~ **oxide**
Magnesiumoxyd *n.*, Magnesia *f.*,
~ **silicate** Magnesiumsilikat *n.*
magnetic separator Eisenabschei-
der *m.*, Magnetabscheider *m.*
magnifying glass Vergrößerungsglas *n.*
magnum große Sektflasche *f.* von
$51^1/_5$ Uz. Inhalt (ca. 1,5 l)
main (Haupt-)Rohr *n.*, Hauptleitung *f.*, ~ **arch** (= crown) FUR
Ofenhauptgewölbe *n.*, ~ **chimney flue** Hauptkaminkanal *m.*
maintenance shop mechanische
Werkstatt *f.*
making-up block (or **brick**) FUR
Abschluß-Stein *m.*
man cooling Mannkühlung *f.*, Leu-
tekühlung *f.*
mandrel Dorn *m.*, Pfeife *f.* (beim
Dannerverfahren)
manganese Mangan *n.*, ~ **dioxide**
Mangandioxyd *n.*, Braunstein *m.*,
~ **peroxide** Mangansuperoxyd *n.*
manometer Manometer *n.*, Druckmesser *m.*
mantle block FUR Abdeckstein *m.*,
Querstein *m.* (=Formstein über
Öffnungen im Ofen)

manufacturing process Fertigungs-, Herstellungsprozeß *m.*

marble (= glass marble) GF Glaskugel *f.*

marbled glass marmoriertes Glas *n.*

marble, ~ dust Marmormehl *n.*, **~ feed system** GF Kugelfallrohr *n.*, **~ machine** GF Kugelmaschine *f.*, Maschine *f.* zur Herstellung von E-Glaskugeln

Margules method Rotations-Viskosimetermethode *f.*

mark out DEC vorreißen, vorschneiden

marquisette curtain GF Stores *m.*

marver marbeln, motzen, wälzen, wulgern, wuzeln

marverer Motzer *m.*, Külbelmacher *m.*

marver plate Marbelplatte *f.*, Märbelplatte *f.*, Wälzplatte *f.*

mask DEC maskieren

masking Maskierung *f.*, Maskieren *n.*

mass density Massendichte *f.*

master mo(u)ld Formenmodell *n.*

mat GF Matte *f.*, Vlies *n.*, **~ in** v. rauh mattieren

materials handling (innerbetrieblicher) Materialtransport *m.* und -lagerung *f.*

matrix glass Stammglas *n.*

mat(te) matt, mattiert, **~ etching** DEC Mattätzung *f.*, Mattätze *f.*

mattress GF (Glaswolle-)Bahn *f.*

maturing temperature Einbrenntemperatur *f.*

measure Maß *n.*

measuring, ~ instrument Meßinstrument *n.*, **~ phototube** Meßzelle *f.*, **~ point** Meßpunkt *m.*, Meßstelle *f.*

mechanical, ~ boy Tretzeug *n.*,

~ workshop mechanische Werkstatt *f.*

medicine bottle Medizinflasche *f.*

medium Medium *n.*, Drucköl *n.*

melt v. schmelzen, *n.* Schmelze *f.*

melter 1. Schmelzer *m.*, 2. Schmelzraum *m.*, Schmelzteil *m.*, Schmelzwanne *f.*

melting Schmelzen *n.*, **~ (-end) area** Schmelzfläche *f.*, **~ chamber** Schmelzteil *m.*, -raum *m.*, -wanne *f.*, **~ compartment** s. melting chamber, **~ diagram** Schmelzdiagramm *n.*, **~ efficiency** Schmelzleistung *f.*, **~ end** (= melting chamber) Schmelzteil *m.*, -raum *m.*, **~ furnace** Schmelzofen *m.*, **~ point** Schmelzpunkt *m.*, **~ process** Schmelzvorgang *m.*, **~ rate** Schmelzleistung *f.*, Schmelzgeschwindigkeit *f.*, **~ tank** Schmelzwanne *f.*, **~ temperature** Schmelztemperatur *f.*, **~ unit** Schmelzaggregat *n.*, Schmelzanlage *f.*

meniscus (= onion) Randwulst *m.*, „Zwiebel" *f.* (bei gezogenem Flachglas)

mercury Quecksilber *n.*, **~ alloy** Quecksilberamalgam *n.*, **~ glass** Quecksilberglas *n.*, **~ -hydrogen pyrometer** Quecksilber-Wasserstoffpyrometer *n.*, **~ oxide** Quecksilberoxyd *n.*, **~ -vapo(u)r lamp** Quecksilberdampflampe *f.*

mesh Masche *f.*, Maschenweite *f.*, Maschenfeinheit *f.*

metal 1. Metall *n.*, 2. (Glas)-Schmelze *f.*, **~ bath** Glasbad *n.*, Schmelze *f.*, **~ can** Blechdose *f.*, **~ ceramics** (= cermets) Metallkeramik *f.*, **~(lic) coat(ing)** Metallüberzug *m.*

metal, ~ deposit Metallniederschlag
m., Metallauflage *f.*, **~depth** Glasbadtiefe *f.*, **~ -dip mo(u)ld** HM
Stauchform *f.*, **~foil** Metallfolie *f.*

metallic film decoration DEC Me-
talldekor *n.*, metallische Schichten *f.* pl.

metal line (= fluxline) Glasspiegel
m., Spiegellinie *f.*, Spülkante *f.*

metallizing gun Metallisierpistole *f.*

metal tender Schmelzer *m.*

methane Methan *n.*

Mg point (= deformation point at
$10^{11,3}$ poise) dilatometrischer
Erweichungspunkt *m.*

mica Glimmer *m.*

micro glass Dünnglas *n.*

micrometer Mikrometer *n.*

microscope Mikroskop *n.*, **~ (-ob-
jective) lens** Mikroskopobjektiv *n.*

microscopic, ~ examination Mikroskopuntersuchung *f.*, **~ stage**
Mikroskoptisch *m.*

microscopy Mikroskopie *f.*

middle course (of tank blocks)
mittlere Steinreihe *f.*

(mid)feather (= ~ wall) FUR Zun-
ge(nwand) *f.*, Brennerzunge *f.*,

migration Wanderung *f.*

mil 0,001 Zoll

milk, ~ bottle Milchflasche *f.*
~ glass Milchglas *n.*, Beinglas *n.*,
Trübglas *n.*

milkiness Trübung *f.* (im Glas)

milled fibres (= fibers) GF zerklei-
nerte Fasern *f.* pl., Faserstaub *m.*

millefiori glass Millefiori-Glas *n.*

milling plant Mahlanlage *f.*

mineral Mineral *n.*, **~ fibre** Mineral-
faser *f.*

mineralizer Mineralbildner *m.*

mineralogy Mineralogie *f.*

mineral, ~ water bottle Mineral-
wasserflasche *f.*, **~ wool** Mineral-
wolle *f.*

mirror Spiegel *m.*, Bruchspiegel *m.*,
~ -deposit work Verspiegelung *f.*,
~ surface Bruchspiegel *m.*

misprint ACL Fehldruck *m.*

mitre cut(ting) DEC Eckenschliff
m., Keileckenschliff *m.*

mix v. mischen, *n.* Gemenge *n.*

mixed cloth GF Mischgewebe *n.*
(= Glasseide in der Kette, Stapelfaser im Schuß)

mixer Mischer *m.*

mixing, ~ room (= batch house)
Gemengekammer *f.*, **~ space**
Mischraum *m.* (des Brenners),
~ tank Mischbehälter *m.*

mix muller Mischläufer *m.*

mixture Mischung *f.*, **~ corrector**
Gemischregler *m.*

model test Modellversuch *m.*

modulus, ~ of elasticity Elastizitätsmodul *m.*, Young'scher Modul *m.*, **~ of rupture** Biegefestigkeit *f.* bis zum Bruch

MOH (= machine operating hour)
Arbeits- oder Betriebszeit *f.* der
Maschine in Stunden

moil HM Heftglas *n.*, Nabel *m.*,
Absprengkappe *f.*

Moiré effect DEF — ACL Moiré-
Effekt *m.*

moisture Feuchtigkeit *f.*, **~ resistance** Feuchtigkeitsbeständigkeit *f.*, **~ -resistant** feuchtigkeitsbeständig

mold (= mould) v. formen, in einer
Form verarbeiten (durch Blasen
oder Pressen), *n.* Form *f.* (als
Werkzeug)

molecule Molekül *n.*

molten geschmolzen, schmelzflüssig, **~ alkali borates** Alkaliborat-
schmelzen *f.* pl.

molybdenum electrode Molybdänelektrode *f.*

monochromatic pyrometer (= disappearing filament pyrometer) Glühfadenpyrometer *n.*

Monofrax block REF Monofrax-Stein *m.* (schmelzflüssig gegossener Stein aus Korund — Warenzeichen von The Carborundum Company, USA)

monolithic refractories monolithisches feuerfestes Material *n.*

moonstone glass Mondsteinglas *n.*, Seidenglanzglas *n.*

Morgan-Isley reversing system Morgan-Isley-Umsteuerung *f.*

mortar Mörtel *m.*

mosaic glass Mosaikglas *n.*

mother-of-pearl (satin) glass Perlmutterglanzglas *n.*

mo(u)ld v. formen, in einer Form verarbeiten (durch Blasen oder Pressen), *n.* Form *f.* (als Werkzeug), ~ -blown glass (= moulded glass) in Formen geblasenes Glas *n.*, ~ change (= changing) Formenwechsel *m.*, ~ cooling Formenkühlung *f.*, ~ design Formenentwurf *m.*

mo(u)lded, ~ glass (in Formen) geblasenes Glas *n.*, ~ insulation GF Isolierformstück *n.*, ~ pipe insulation GF Rohrisolierung *f.*, Isolierschalen *f.* pl.

mo(u)ld, ~ equipment Formenausrüstung *f.*, Formenwerkzeuge *n.* pl. (wie Trichter, Vor- und Fertigform, Böden etc.),~ga(u)ge Formenlehre *f.*, ~ -hinge pin Formenträgerbolzen *m.*,~ holder Formenträger *m.*

mo(u)lding, ~ machine Formgebungsmaschine *f.*, ~ sand Klebsand *m.*, Formsand *m.*

mo(u)ld, ~ iron Formenguß *m.*, ~ lubricant Formenschmiermittel *n.*, ~ mark DEF Formennaht *f.*, ~ -parting agent (= ~ -release agent) Trennmittel *n.*, ~ -repair shop Formenreparaturwerkstatt *f.*, ~ scale Formenzunder *m.*, ~ shaft IS Formenträgerbolzen *m.*, auch Vielkeilwelle *f.*

mouth Mündung *f.*

mouthblowing Mundblasen *n.*

mouth-blown glass mundgeblasenes Glas *n.*

movable drum Stelltrommel *f.*

mud up (kalt) vermachen, mit Ton verschmieren

muff Walze *f.*, Glaszylinder *m.* (beim alten Fensterglasverfahren)

muffle Muffel *f.*, ~ lehr Muffelofen *m.*, Muffelkühlofen *m.*

muller Läufer *m.*

mullet Schrenkeisen *n.*, Schrenn- oder Schrengeisen *n.*

mullite MIN Mullit *m.*, ~ block REF Mullitstein *m.*

multicellular glass Vielzellenglas *n.* (= Schaumglasart)

multi, ~ -colour print(ing) Mehrfarbendruck *m.*, ~ -colour work s. multi-colour print(ing), ~ -flame pot furnace Vielflammen-Hafenofen *m.*

multiform glass pulverisiertes und gepreßtes Glas *n.* (von Corning Glass Works), Sinterglas *n.*

multi, ~ -glazing unit Mehrscheibenisolierglas *n.*, ~ -layer laminated glass Mehrscheiben-Sicherheitsglas *n.*, ~ -pass regenerator FUR vielzügige Regenerativkammer *f.*

multiple, ~ **-course construction** FUR Flachlagenbauweise *f.*, ~ **-end thread** (or **yarn**) GF Mehrfachgarn *n.*, gefachtes Garn *n.*, ~ **glazing** Mehrfachverglasung *f.*, ~ **port tank** Mehrbrennerwanne *f.*

multi-trip bottle (= returnable bottle) Leihflasche *f.*, Pfandflasche *f.*

Murgatroyd belt unterer Teil *m.* des Flaschenzylinders

mustard glass Senfglas *n.*

N

narrow neck ware Enghalsgefäße *n.* pl.

natural, ~ **gas** Naturgas *n.*, Erdgas *n.*, ~ **glass** natürliches Glas *n.*

near infrared nahes Infrarot *n.*

neck Hals *m.* (einer Wanne und einer Flasche)

neckring Mündungsform *f.*, Kopfform *f.*, ~ **holder** Mündungsträger *m.*

needle FEED Plunger *m.*, Stößel *m.*, Treiber *m.*

needled mat GF Glasseidensteppmatte *f.*

needle, ~ **etching** DEC Guillochieren *n.*, Radierung *f.*, ~~ **machine** Guillochiermaschine *f.*, ~ **recuperator** Nadelrekuperator *m.*, ~ **valve** Nadelventil *n.*

negative pressure Unterdruck *m.*

neodymium Neodym *n.*, ~ **oxide** Neodymoxyd *n.*

neon tube Neonröhre *f.*

nephelite (= nepheline) MIN Nephelin *m.*, ~ **worms** DEF Nephelinwürmer *m.* pl.

net, ~ **calorific power** (or **value**) unterer Heizwert *m.*, ~ **heat** Nutzwärme *f.*, ~ **heating value** unterer Heizwert *m.*

network Netz(werk) *n.* ~ **-forming ion** (or **element**) Netzwerkbildner *m.*, ~ **-modifying ion** (= network modifyer) Netzwerkwandler *m.*, netzwerkwandelndes Ion *n.*

net yield Ausbeute *f.*

neutral, ~ **glass** hydrolytisch gutes Glas *n.*, ~ **(tinted) glass** Neutralglas *n.*

neutron-absorbing glass Neutronenschutzglas *n.*

Newton's rings Newtonsche Ringe *m.* pl.

nickel Nickel *n.*, ~ **oxide** Nickeloxyd *n.*

nicol Nicol *n.*, ~ **prism** Nicolsches Prisma *n.*

nitre (= niter) 1. Salpeter *m.*, Kaliumnitrat *n.*, 2. Natronsalpeter *m.*, Natriumnitrat *n.*

nitrogen Stickstoff *m.*

node Objektivknotenpunkt *m.*

nodular fireclay feuerfester Knollenton *m.*

nog Schleifeisen *n.*

noise, ~ **deadening** Schallabsorption *f.*, -schluckung *f.*, ~ **reduction** Schalldämmung *f.*, Schallschutz *m.*, ~ ~ **coefficient** Schalldämmzahl *f.*

nomogram (= nomograph) Nomogramm *n.*

non-browning glass nicht nachdunkelndes Glas *n.*, strahlungsunempfindliches Glas *n.*

non-combustible unbrennbar

non-destructive test zerstörungsfreie Prüfung *f.*

non-pressure ware Glasgegenstände *m.* pl., die weniger als 20 psi. Druck aushalten (1.406 atm.)

non-reflecting glass reflexfreies Glas *n.*

non-returnable bottle Einwegflasche *f.*, verlorene Verpackung *f.*

non-scaling steel zunderfester Stahl *m.*

non-toxic ungiftig

non-toxicity Ungiftigkeit *f.*

Norman slabs (= Saxon slabs) aus quadratischen Flaschen geschnittene Glasplatten f. pl. für Bleiglasfenster

nose FUR Arbeitswanne *f.*, auch Läuterwanne *f.*, ~ **bushing** Stahleinsatz *m.* für Saugformen

notched bar impact test Kerb-(schlag)zähigkeitsprobe *f.*

nozzle Düse *f.*, Kühldüse *f.*, Spritzdüse *f.*

nucleus of a crystal Kristall(isations)keim *m.*

nursing bottle (= baby bottle) Kindermilchflasche *f.*

nu value Abbésche Zahl *f.*, reziproke, relative Dispersion *f.*

O

object glass Objektiv *n.*

objective s. object glass

object slide Objektträger *m.*

obscured glass mattiertes Glas *n.*

observation port (or **hole**) Schauloch *n.*, Guckloch *n.*

obsidian Obsidian *m.*, Glaslava *f.*, Glasachat *m.*

O-button IS „niedriger“ Nocken *m.* (an der Schaltwalze)

occlusion DEF Steinchen *n.*, Glaseinschluß *m.*

ochre Ocker *m.*, Gelberde *f.*

"off" button IS „hoher“ Nocken *m.* (an der Schaltwalze)

off-capacity DEF unrichtiges Inhaltsmaß *n.*

off-center DEF schiefe Flasche *f.*

(Mündungsmitte liegt nicht über Bodenmitte)

offhand, ~ **blowing** HM Freihandblasen *n.*, ~ **glass** freihandgeblasenes Glas *n.*

offset, ~ **finish** DEF versetzte Mündung *f.*, ~ **mold holder** gekröpfter Formenträger *m.*, ~ **punt** DEF versetzter Boden *m.*

offware Ausschuß *m.*

oil Öl *n.*, ~ **bath** Ölbad *n.*, ~ **burner** Ölbrenner *m.*

oiler Ölbüchse *f.*, ~ **well** Öltopf *m.*

oil, ~ **filter** (= strainer) Ölfilter *n.*, ~ **-fired furnace** ölbeheizter Ofen *m.*, ~ **firing** Ölfeuerung *f.*, Öl(be)heizung *f.*, ~ **line** DEF Ölfleck *m.*, Ölwischer *m.*, ~ **mark** DEF Ölfleck *m.*, Ölschmierer *m.*, ~ **of copaiba** Kopaibabalsam *m.*, ~ **pump** Ölpumpe *f.*, ~ **reservoir** Öltopf *m.*, ~ **seal** Öldichtung *f.*, ~ **well** (= oil bath) Ölbad *n.*

"on" button IS „niedriger“ Nocken *m.* (an der Schaltwalze)

one, ~ **-pot furnace** Einhafenofen *m.*, ~ **-trip bottle** Einwegflasche *f.*, ~ **-way bottle** s. one-trip bottle, ~ **-way vision glass** einseitig durchsichtiges Glas *n.*

onion GF Zwiebel *f.*, Wulst *m.*

opacification (= milkiness) Trübung *f.*

opacified glass getrübtes Glas *n.*, Trübglas *n.*

opacifier (= opacifying agent) Trübungsmittel *n.*, Deckmittel *n.*

opacity Undurchsichtigkeit *f.*

opalescent glass leicht getrübtes Glas *n.* mit schillerndem Effekt

opal glass Opalglas *n.*, Trübglas *n.*

opaque glass opakes Glas *n.*, undurchsichtiges Glas *n.*

open offen, v. öffnen, auftreiben (HM)

opener Öffner *m.*

open-hearth furnace Siemens-Martinofen *m.*

opening Öffnung *f.*, Öffnen *n.*, ~ **-out tool** HM Auftreibeisen *n.*

open, ~ **out** v. auftreiben, ~ **pot** offener Hafen *m.*

operating, ~ **air** Maschinenluft *f.*, Arbeitsluft *f.*, ~ **cycle** Arbeitsablauf *m.* (an einer Maschine), ~ **handle** IS Schalthebel *m.*, ~ **pressure** Arbeitsdruck *m.*, Betriebsdruck *m.*

operation Betrieb *m.* (einer Maschine), Arbeitsweise *f.*, Arbeitsgang *m.*, -vorgang *m.*, Bedienung *f.*

ophthalmic, ~ **blanks** Brillenrohglas *n.*, ~ **glass** Brillenglas *n.*

optic *n.* Optik *f.*, uneben, nicht parallelwandig, wellig, „optisch"

optical, ~ **blanks** (= pressings) (optischer) Rohling *m.*, Preßling *m.*, ~ **borate flint** (optisches) Boratflint(glas) *n.*, ~ **crown** (optisches) Kronglas *n.*, ~ **flat** Objektträger *m.*, ~ **flint** (optisches) Flintglas *n.*, ~ **glass** optisches Glas *n.*, Linsenglas *n.*, ~ **path difference** Gangunterschied *m.*, Differenz *f.* der optischen Weglängen, ~ **pyrometer** optisches Pyrometer *n.*, Glühfadenpyrometer *n.*, ~ **system** Optik *f.*, ~ **temperature measurement** optische Temperaturmessung *f.*, ~ **zinc crown** (optisches) Zinkkronglas *n.*

optics s. optical system

orange peel DEF Froschhaut *f.*, Apfelsinenhaut *f.*, Wasserhaut *f.*

ordinary glazing Fensterglas *n.*,

2. Sorte (Verglasungsqualität)

orifice FEED (Speiser-)Öffnung *f.*, Auslauf *m.*, ~ **holder** FEED Ringtopf *m.*, ~ **plate** Meßblende *f.*, Stauscheibe *f.*, ~ **ring** (= bush) FEED Öffnungsring *m.*, Speiserring *m.*, Tropfring *m.*, ~ **support** FEED Ringklappe *f.*

O-ring Gummidichtung *f.*, Dichtungsring *m.*

Orsat apparatus Orsatgerät *n.* (zur Bestimmung der Zusammensetzung von Abgasen)

orthoclase MIN Orthoklas *m.*

out-gas entgasen

outlet Austrittsöffnung *f.*, Abzug *m.*, ~ **burner** (or **port**) Brenner *m.* auf der Abzugseite

out-of-round DEF unrund

out-of-shape ware DEF verformte Artikel *m.* pl.

output (= load) Ausnahme *f.* (des Ofens), Leistung *f.*, Belastung *f.*, Ausstoß *m.*

oval unrund, oval

ovality Unrundheit *f.*, Ovalität *f.*

oven (Trocken-)Ofen *m.*, Härteofen *m.*, ~ **glass** feuerfestes Glas *n.*, Kochglas *n.*

ovenware s. oven glass

overcapacity (= bubble) Überkapazität *f.* (der Vorform)

overfired label DEF zu stark gebranntes Daueretikett *n.*

overflow, ~ **capacity** strichvoller Inhalt *m.*, ~ **revolving pot** Drehwanne *f.* mit Überlauf

overhead view Draufsicht *f.*

overheat überhitzen

overheating Überhitzen *n.*

overlay überfangen, ~ **glass** (= cased glass) DEC Überfangglas *n.*

overlaying Überfangen *n.*

overlay mat GF Oberflächenmatte *f.*

overpress DEF Überpressung *f.*, überpreßtes Glas *n.*

overpulling of a tank Überbelastung *f.* einer Wanne

Owens, ~ **-Machine** Owens-(Saug-Blase-)Maschine *f.*, ~ **-Process** Owens-Verfahren *n.* (Saugblaseverfahren zur Hohlglasherstellung)

oxidation potential Oxydationspotential *n.*

oxide colo(u)rs Oxydfarben *f.* pl.

oxidizer Oxydationsmittel *n.*

oxidizing, ~ **agent** s. oxidizer, ~ **flame** oxydierende Flamme *f.*

oxygen Sauerstoff *m.*

P

pack v. packen, verpacken, abfüllen, *n.* Paket *n.*, Packung *f.*, verpackte Ware *f.*, gute Ware *f.*, Nettoproduktion *f.*

package v. verpacken, *n.* Verpackung *f.*

packaging Verpacken *n.*, Verpackungswesen *n.*

packer's, ~ **glassware** Verpackungsglas *n.*, ~ **tumbler** Verpackungsglas *n.* (in Becherform)

packing REF Gitterwerk *n.*, Kammerausgitterung *f.*, -packung *f.*, ~ **block** REF Nasenstein *m.*

pad, ~ **applicator** GF Bindemittelpolster *n.*, Kissen *n.*, ~ **break** GF Abreißen *n.* des Spinnfadens außer durch Tropfen

paddle v. patschen (= rohes Vorformen eines Glasstückes im Ofen mit dem Paddel vor dem Pressen — optisches Glas), *n.* ruderartiger Zubringer *m.* bei früheren Speisern (paddle-needle feeder)

paint v. malen, bemalen, anstreichen, *n.* Anstrich *m.*

pale (green) glass halbweißes Glas *n.*

pallet Stapelplatte *f.*, Palette *f.*

palette (= battledore) Platteisen *n.*

palisade block (= full depth block) FUR Palisadenstein *m.*

panel 1. Platte *f.*, Tafel *f.*, 2. zylindrischer Teil *m.* der Flasche, Flaschenzylinder *m.*, ~ **cut(ting)** Flachschliff *m.*

pan grinder Kollergang *m.*

pantograph DEC Pantograph *m.*

pantoscopic lens Weitwinkellinse *f.*

paperboard carton Pappkarton *m.*

paper, ~ **sleeve** (= paper tube) GF Pappmanschette *f.*, Umband *n.*, Hülse *f.*, ~ **weight** Briefbeschwerer *m.*

parabolic, ~ **glass reflector** Glasparabolspiegel *m.*, ~ **mirror** (or reflector) Parabolspiegel *m.*

parasitic air Falschluft *f.*

parent glass Stammglas *n.*

parison Külbel *n.* (= Kelbel *n.*, Kölbel *n.*), Motz *m.*, Kölbchen *n.*, Ballen *m.*, ~ **mo(u)ld** (= blank mo(u)ld) Vorform *f.*, Füllform *f.*, Saugform *f.*, ~ **run** Bodenspiel *n.* des Külbels (= Abstand zwischen Külbelunterkante und Fertigformboden)

partial dispersion Teildispersion *f.*, Teilzerstreuung *f.*

particle size Teilchengröße *f.*, Korngröße *f.*

parting, ~ **agent** Trennmittel *n.*, ~ **line** Formennaht *f.*, Trennfuge *f.*

partition Trennwand *f.* (Karton)-Steg *m.*, ~ **assembler** Maschine *f.* zum Zusammenstecken von Kartonstegen

paste Glasfluß *m.* (für künstliche Edelsteine), Glaspaste *f.*, Kompositionsglas *n.*, ~ **jewel** Glasstein *m.*, künstlicher Edelstein *m.*, ~ **mo(u)ld** graphitierte Tauchform *f.*, Drehkülbelform *f.* (für nahtlose Gläser), gepastete Tauchform *f.*, ~ **-mo(u)ld machine** Drehkülbelmaschine *f.* (zur Herstellung nahtloser Gläser)

pasteurize pasteurisieren

patch block REF Flickstein *m.*, vorgesetzter Stein *m.*

patching (= filing) Vorsetzen *n.* eines Steines zur Ofenreparatur

patent tool HIST eine Art Rollschere *f.* für die Mündungsformung

patterned, ~ **glass** Ornamentglas *n.*, ~ **roller** Prägewalze *f.* (für Gußglas)

pavement lights Oberlichter *n.* pl.

P.C.E. (= pyrometric cone equivalent) REF Segerkegel *m.*

pearl satin glass (= mother-of-pearl satin glass, pearl ware) Permutterglanzglas *n.*

pebble mill (= ball mill) Kugelmühle *f.*

peel abblättern, abspringen

peephole Guckloch *n.*, Schauloch *n.*, ~ **block** Schaulochstein *m.*

pencil edging machine Ränderschleifmaschine *f.*, Kantenschleifmaschine *f.*

per cent of shear cut (= per cent pack) Gutstückmenge *f.*, Ausbeute *f.*

perforated, ~ **acoustical tile** GF Schalldämmplatte *f.* mit Lochung, ~ **sheet** Lochblech *n.*

performance FUR Güteziffer *f.*, Verbrauchsziffer *f.*, Leistung *f.*, Verhalten *n.*

perfume bottle Parfümflasche *f.*

periclase REF Periklas *m.*, ~ **brick** Periklasstein *m.*

peritectic Peritektikum *n.*

perlite Perlit *m.*

permanent strain bleibende Spannung *f.*

permeability Durchlässigkeit *f.*

permeable durchlässig

pestle Läufer *m.*, Reibkolben *m.*

petrographic microscope petrographisches Mikroskop *n.*

PF-insulation (= preformed insulation) GF starre, harzgebundene Isolierung *f.*

pharmaceutical bottle Medizinflasche *f.*

phase (equilibrium) diagram Phasendiagramm *n.*

phenol formaldehyde Phenolformaldehyd *n.* (= Bindemittel für GF)

phenolic resin GF Phenolharz *n.*

phial (= vial) Tablettenröhrchen *n.*, Phiole *f.*

phonolite Phonolith *m.*

phosphate, ~ **crown glass** Phosphatkronglas *n.*, ~ **glass** Phosphatglas *n.*

phosphorescence Phosphoreszenz *f.*

photochemical glass Glas *n.*, auf das auf photographischem Wege ein Bild übertragen wurde, das dann durch Flußsäure herausgeätzt wird, Photoätzglas *n.*

photoelectric cell Photozelle *f.*

photoengraving (= photo etching) DEC Photoätzung *f.*

photomicrograph Mikrophotographie *f.*

photosensitive glass lichtempfindliches Glas *n.*

phototube Photozelle *f.*

pick GF Schußfaden *m.*

pickup (= scoop) IS Auffangrinne
f., Schippe *f.*

pier FUR (= buckstay) Ankersäule
f., Ankerstütze *f.*

pig HM Stütze *f.* für Glasmacherpfeife, Tripus *m.*

pigment Farbkörper *m.*, Pigment *n.*

pigmented adhesive crayon Fettstift *m.*

pigtail ring GF Fadenöse *f.*

pilferproof closure Sicherheitsverschluß *m.* (dessen unterer Rand
durch Drehung abfällt)

Pilkington Process kontinuierliches
Fließverfahren *n.*, Kontinüver-
fahren *n.*, Pilkington-Verfahren *n.*

pillar Pfeiler *m.* (des Hafenofens)

pilot, ~ furnace Versuchsofen *m.*,
~ light Prüfflamme *f.*

pinched, ~ neck DEF eingedrückter
Hals *m.*, **~ trailing** (= pincered
trailing) DEC gezängte Verzierung *f.*, gezänkelte Verzierung *f.*

pin, ~ -holes DEF Poren *f.* pl.,
~ -holing DEF Porenbildung *f.*
(im Daueretikett)

pinion Trieb *m.*, Ritzel *n.*, Ketten-
ritzel *n.*

pink salt Pinksalz *n.*

pipe (= piping) Rohr *n.*, Rohrleitung *f.*, **~ coil** Rohrschlange *f.*,
~ line Rohrleitung *f.*

pipette Pipette *f.*

piston Kolben *m.*

pit DEF Grübchen *n.*, Piqure *f.*,
Einschlag *m.*

pitch polishing Pechpolitur *f.*

pit coal Steinkohle *f.*, **~ furnace**
Schachtofen *m.*

pitting DEF Lochfraß *m.*

Pittsburgh Sheet Process Pitts-
burgh-Verfahren *n.*, (= Senkrechtziehverfahren *n.*)

plain (= (re)fine) läutern, **~ glass**
blankes Glas *n.*, geläutertes
Glas *n.*

plane, ~ parallel glass plate (or
slab) planparallele Glasplatte *f.*,
~ of polarization Polarisations-
ebene *f.*

plant Werk *n.*, Fabrik *f.*, Betrieb
m., Anlage *f.*, **~ manager** Betriebsdirektor *m.*, Betriebsleiter *m.*

plan view Grundriß *m.*, Draufsicht *f.*

plaster Gips (= Verputz) *m.*, **~ of
Paris** Gips(mörtel) *m.*

plastic (material) Kunststoff *m.*
~ clay bildsamer Ton *m.*,
~ -coated bottle kunststoffüberzogene Flasche *f.*, **~ engraving**
(= deep engraving) DEC Tief-
gravur *f.*

plasticity Verformbarkeit *f.*, Plasti-
zität *f.*

plasticizer Weichmacher *m.*

plastic, ~ refractories formbares
feuerfestes Material *n.* (im Ge-
gensatz zu Gußmassen und
monolithischem Material), **~ refractory clay** formbarer feuerfester Ton *m.*

plastics reinforcement GF Ver-
stärkung(smaterial) *f.* (*n.*) für
Kunststoffe

plate 1. Platte *f.*, (Dick-)Blech *n.*,
2. (Sieb-)Schablone *f.* (zum Bedrucken), **~ conveyor** Stahlzel-
lenband *n.*, Plattenband *n.*,
~ etching Schablonenätzen *n.*,
Schablonenätzung *f.*, **~ glass**
(= polished plate glass) Spiegelglas *n.*, **~ -glass furnace** (or tank)
Spiegelglaswanne *f.*

platform, ~ conveyor s. flight conveyor, plate conveyor, **~ scale**
Brückenwaage *f.*

plating Metallüberzug *m.*, Plattierung *f.*, **~ bath** Plattierbad *n.*

platinum Platin *n.*, **~ -rhodium alloy** Platin-Rhodiumlegierung *f.*

plenum (chamber) GRP Beflockungskammer *f.*

pliable biegsam

plied yarn GF gefachtes Garn *n.*

pliers Zange *f.*, Zwackeisen *n.*, Auftreibeisen *n.*

pluck DEF Klebestelle *f.*

plug v. bülvern, blasen (zum Läutern), pülvern, *n.* (= plunger tip) Pegel *m.*, Stempel *m.*, **~ ga(u)ge** Stöpsellehre *f.*, **~ ga(u)ging machine** (= plug ga(u)ger) Stöpselmaschine *f.*

plugging rod Läuterschüreisen *n.*

plunger Preßstempel *m.* (PreßBlase), Pegel *m.* (Blas-Blase), Plunger *m.*, Stößel *m.*, Treiber *m.* (der Speisermaschine), **~ adapter** IS Pegelkopf *m.*, Stempelkopf *m.*, **~ cam** Plungerkurve *f.*, **~ carrier** Plungerbrücke *f.*, **~ collar** Deckring *m.*, **~ cooling** Pegelkühlung *f.*, Stempelkühlung *f.*, **~ holder** Plungerträger *m.*, **~ overarm** FEED Gegengewichtsarm *m.*, **~ plate** IS Pegelplatte *f.*, Stempelplatte *f.*, **~ receiver** IS Zylinderkopf *m.* (für Stempel), **~ spacer** IS Distanzring *m.*, **~ split ring** IS Pegelklammer *f.*, Stempelklammer *f.*, **~ stroke** Plungerhub *m.*, **~ tip** Pegel *m.*, Stempel *m.*

plural mo(u)ld operation Mehrformenbetrieb *m.*

ply GF v. fachen, *n.* Lage *f.*, Schicht *f.*

pneumatic conveyor system pneumatische Förderung *f.*, pneumatische Förderanlage *f.*

poke schüren

pocket Glastasche *f.* (eines Hafenofens), **~ flask** Taschenflasche *f.*

polariscope Polariskop *n.*, Spannungsprüfer *m.*

polarized, ~ glass polarisiertes Glas *n.*, Polarisationsglas *n.*, **~ light** polarisiertes Licht *n.*

polarizer Polarisator *m.*, Polarisationsprisma *n.*

polarizing, ~ film Polarisationsfolie *f.*, **~ microscope** Polarisationsmikroskop *n.*

polaroid sheet Polarisationsfolie *f.*

pole (= to block) blasen, bülwern

poling Blasen *n.*, Bülwern *n.*

polish v. polieren, *n.* Politur *f.*

(polished) plate glass Spiegelglas *n.*, Kristallspiegelglas *n.*

polished wire(d) glass Spiegeldrahtglas *n.*, Drahtspiegelglas *n.*

polisher Polierer *m.*, Polierhobel *m.*

polishing Polieren *n.*, **~ block** Poliertisch *m.*, Polierstein *m.*, **~ felt** Polierfilz *m.*, **~ line** (or **plant**) Polieranlage *f.*, **~ marks** DEF Polierfehler *m.* pl., Polierfurchen *f.* pl., **~ wheel** Polierscheibe *f.*

polyester resin GRP Polyesterharz *n.*

polyethylene bottle Polyäthylenflasche *f.*

polymerisation Polymerisation *f.*

polyvinyl alcohol Polyvinylalkohol *m.*

pontil (= punty, pontee, puntil) Anfangeisen *n.*, Hefteisen *n.*, Arbeitseisen *n.*

pop bottle (= lemonade bottle) Limonadenflasche *f.*

porcelain Porzellan *n.*, **~ enamel** Porzellanemail *n.*, **~ knob** Porzellanknopf *m.* (für Hebel- und Bügelverschlüsse)

porosity Porosität *f.*

port Öffnung *f.*, Loch *n.*, (gemauerter) Brenner *m.*, Mauerbrenner *m.*, **~ apron** Brennerbank *f.*, **~ arch** Brennergewölbe *n.*, Brennerbogen *m.*, **~ bottom** Brennerboden *m.*, Brennersohle *f.*, Brennerbett *n.*, **~ cap** Brennergewölbe *n.*, **~ -cap rake** Führungsgewölbe *n.* am Brenner, **~ cheek** s. port jamb, **~ crown** s. port cap, **~ drum** (= framing of port mouth) Brennereinfassung *f.*, **~ jamb** Brennerpfosten *m.*, **~ lintel** s. port arch, **~ mouth** Brennermaul *n.*, Brennermündung *f.*, **~ neck** Brennerhals *m.*, **~ neck cap** s. port cap rake, **~ opening** s. port mouth, **~ paving** Brennerboden *m.*, **~ riser** niedrige Regenerativkammer *f.* (alter Bauweise) mit Brennerschacht, **~ sill** (= port apron) Brennerbank *f.*, **~ slope** Brennerneigung *f.*, Brennerwinkel *m.*, **tongue** (= midfeather) Brennerzunge *f.*

positive, ~ pinch IS Vorspannung *f.*, **~ pressure** Überdruck *m.*

postcure Nachhärtung *f.*

post, ~ gatherer Anfänger *m.*, **~ holder** s. post gatherer

pot HM Hafen *m.*, **~ arch** Hafentemperofen *m.*

potash Pottasche *f.*

potassium Kalium *n.*, **~ carbonate** Kaliumkarbonat *n.*, Pottasche *f.*, **~ nitrate** Kaliumnitrat *n.*, Kalisalpeter *m.*, **~ -silica glass** Kali-Kieselsäureglas *n.*

pot, ~clay Hafenton *m.*, **~colo(u)rs** DEC Flachfarben *f.* pl.

potential energy (= electric energy)

elektrische Energie *f.*

potentiometer Potentiometer *n.*

potette (= boot) Stiefel *m.*, **~ tank** Stiefelwanne *f.*

pottery Töpferei(wesen) *f.* (*n.*)

pot, ~ furnace Hafenofen *m.*, Büttenofen *m.*, **~ glass** Hafenglas *n.*, im Hafen geschmolzenes Glas *n.*, **~ life** GRP Verarbeitungsdauer *f.* des Harzes, „Topfzeit" *f.*, **~ -made glass** s. pot glass, **~ maker** Hafenmacher *m.*, **~ -melting operation** Hafenschmelze *f.*, **~ opal** Milchglas *n.* (massiv), **~ setting** Hafensetzen *n.*, **~ -shell** Hafenscherben *f.* pl., **~ sherds** s. pot shell, **~ wagon** Hafenkarren *m.*

pouring wool GF Schüttwolle *f.*

powder blue Kobaltentfärber *m.*

powdered glass Glaspulver *n.*, Glasmehl *n.*, Glasschnee *m.*

power Energie *f.*, Kraft *f.*, Leistung *f.*, **~ factor** Leistungsfaktor *m.*, **~ services** Kraftversorgungsanlage *f.*, Kraftbetriebe *m.* pl., **~ supply plant** Kraftversorgungsanlage *f.*

preform GRP Vorform(ling) *f.* (*m.*)

preformed insulation GF starre (harzgebundene) Isolierung *f.*

preform machine Vorformmaschine *f.*

preheat vorwärmen

preheating of air Luftvorwärmung *f.*

pre-loaded GRP harzgetränkt (von Glasfaservorformlingen vor der Formgebung)

premixed molding compound GRP vorgemischte Preßmasse *f.*

preparation Vorbereitung *f.*, Zubereitung *f.*, Präparat *n.*, **~ of batch** Gemengeherstellung *f.*

prescription glass Arzneigläser *n.* pl., Medizinflaschen *f.* pl. und -gläser *n.* pl.

preserving jar Einkochglas *n.*, Konservenglas *n.*, Einmachglas *n.*

press v. pressen, *n.* Presse *f.*

press-and-blow, ~ machine Preß-Blasemaschine *f.*, **~ process** Preß-Blaseverfahren *n.*

pressed, ~ container glass (ware) Preßhohlglas *n.*, **~ crystal ware** Kristallpreßglas *n.*, **~ glass (ware)** gepreßtes Glas *n.*, Preßglas *n.*, **~ hollow glass (ware)** (= pressed container glass (ware)) Preßhohlglas *n.*

presser Presser *m.*

pressing Preßling *m.*, Preßlinse *f.*, Pressen *n.*

press, ~ mo(u)ld Preßform *f.*, **~ -on cap** Stülpdeckel *m.*

pressure Druck *m.*, **~ check** DEF Preßriß *m.*, Druckriß *m.*, **~ fan** Druckgebläse *n.*, **~ ga(u)ge** Druckmesser *m.*, Manometer *n.*, **~ gradient** Druckverlauf *m.*, **~ greaser** Druckschmierapparat *m.*, **~ ware** Glasgegenstände *m.* pl., die einen Druck von 20 psi. und mehr aushalten (1.406 atm.)

pressurized bottle Aerosolflasche *f.*

pre-stressed glass vorgespanntes Glas *n.*

primary, ~ fibre (= fiber) GF Primärfaser *f.* (bei Superfeinherstellung), **~ regenerator** FUR Haupt-(regenerativ)kammer *f.*

Prince Rubert's drop Bologneser Träne *f.* oder Fläschchen *n.*

print v. drucken, bedrucken, *n.* Druck *m.*, Zeichnungspause *f.*, Abzug *m.*

printer's rubbing brush DEC Stupfpinsel *m.*, Stupp-Pinsel *m.*

prism Prisma *n.*, Prisme *f.*

prismatic, ~ block Prisme *f.*, Prismenstein *m.*, **~ glass** Prismenglas *n.*

private mo(u)ld Spezialform *f.* (nach Angaben des Kunden)

process control Verfahrenskontrolle *f.*, Betriebsüberwachung *f.*

producer gas Generatorgas *n.*

product, ~ control Fertigungskontrolle *f.*, Fertigungsüberwachung *f.*

production Produktion *f.*, Herstellung *f.*, **~ holdup** Produktionsstörung *f.*, **~ method** Produktionsverfahren *n.*, **~ programme** Produktionsprogramm *n.*, **~ rate** Produktionsleistung *f.*, **~ upset** s. production holdup

productive capacity Produktionsleistung *f.*, Produktionskapazität *f.*

product of combustion Verbrennungsprodukt *n.*

profiling machine Kopierfräsmaschine *f.*

pronged anchor Gabelanker *m.*

proof Schmelzprobe *f.*

propane Propan *n.*

property 1. Eigenschaft *f.*, Eigenart *f.*, 2. Eigentum *n.*, Besitz *m.*, Habe *f.*

proportioning burner Mischbrenner *m.*

proprietary glass Glas *n.* von gesetzlich geschützter Form, Markenartikel *m.*

protected glass (= non-browning) strahlungsunempfindliches Glas *n.*

protection glass (or protective glass) Schutzglas *n.*

protective, ~ coating Schutzüberzug *m.*

protective, ~ **lenses** Augenschutzgläser *n. pl.*, ~ **tube** Schutzrohr *n.*
prunt DEC Nuppe *f.*, ~ **decoration** Nuppendekor *n.*
pseudowollastonite MIN Pseudowollastonit *m.*
psilomelane Psilomelan *n.*, schwarzer Glaskopf *m.*
psychrometer Feuchtigkeitsmesser *m.*
pucella HM Zange *f.*, Auftreibeisen *n.*, Zwackschere *f.*
puff nachblasen
puffing Nachblasen *n.*, Zapfenblasen *n.*
pug mill (= pan grinder) Kollergang *m.*
pull *v.* ziehen, *n.* 1. Sog *m.*, Zug *m.*, 2. Ausnahme *f.*, Belastung *f.*, Durchsatz *m.*
pulverizer Mahlanlage *f.*
pumice Bimsstein *m.*
pump Pumpe *f.*
punched, ~ **card system** Lochkartensystem *n.*, ~ **pliers** GF Lochzange *f.*
punch ware dünnwandiges, mundgeblasenes Glas *n.*
puncture voltage Durchschlagspannung *f.*
punt Boden *m.* einer Flasche, ~ **codes** (= base codes) Bodenprägung *f.*, Bodenmarkierung *f.*
punty (= pontil) Anfangeisen *n.*, Hefteisen *n.*, Arbeitseisen *n.*, ~ **mark** Nabel *m.*
purity 1. Reinheit(sgrad) *f.* (*m.*), 2. Farbsättigung *f.*
purple ore Kiesabbrand *m.*
push, ~ **bar** Schubleiste *f.* (der Eintragmaschine), ~ **bar stacker** Kühlofeneintragevorrichtung *f.* mit Schubleiste
pushed punt s. push-up bottom

pusher Pfleger *m.* (bei gestrecktem Fensterglas, —veraltet), ~ **cam** IS Abstreiferkurve *f.*
pushout finger IS Abstreifer *m.*
push-up bottom Einstichboden *m.*
putty Kitt *m.*, ~ **premix** GRP hitzehärtbare, vorgemischte Preßmasse *f.*
Pyrex glass feuerfestes Glas *n.* (Warenzeichen von Corning Glass Works)
Pyroceram Pyroceram (= neues Material von Corning Glass Works), Spezialglas *n.* mit Kristallkeimen, das einer Wärmebehandlung unterworfen wurde
pyrolusite Braunstein *m.*, Glasmacherseife *f.*
pyrometer Pyrometer *n.*, ~ **-protecting tube** Pyrometerschutzrohr *n.*
pyrometric cone Segerkegel *m.*, ~ ~ **equivalent** (= P.C.E.) Maß *n.* für Wärmebeständigkeit von feuerfestem Material. „Segerkegel" *m.*
pyrometry Pyrometrie *f.*, Wärmetechnik *f.*

Q

qualitative analysis qualitative Analyse *f.*
quality Qualität *f.*, ~ **control** Qualitätsüberwachung *f.*, Qualitätskontrolle *f.*
quantitative analysis quantitative Analyse *f.*
quarl block (= burner block) Düsenstein *m.*
quart 1 qt. = 0,94633 l, auch Quartflasche *f.*
quarter-wave plate Lambda-Viertelplättchen *n.*, Viertelwellenlängen-Plättchen *n.*

quartz Quarz *m.*, **~ crystal** Quarz-
kristall *m.*, **~ fibre** (= fiber or
filament) Quarzfaden *m.*, **~ glass**
Kieselglas *n.*, Quarzglas *n.* (aus
natürlichem Quarz hergestellt),
~ sand Quarzsand *m.*, **~ wedge**
Quarzkeil *m.*

quartzite Quarzit *m.*

quartzous (= quartzose) quarzartig

quarternary system Vierstoffsystem *n.*

quench abschrecken

quenched cullet (= dragaded
cullet) Fritte *f.*, gefrittete Scherben *f. pl.*

quick acting cam FEED steile
Plungerkurve *f.* (am Speiser)

quicklime gebrannter Kalk *m.*,
ungelöschter Kalk *m.*

quick sand Schwimmsand *m.*,
Flugsand *m.*

quill DEC zängen, zänkeln

quilling DEC 1. gezängte (= gezänkelte) Verzierung *f.*, GF 2.
Aufspulen *n.* des Kettgarns auf
das Weberschiffchen

R

rack marks DEF (rolled glass)
„Zahnfalten" *f. pl.*

radiant, **~ energy** (= radiated
energy) Strahlungsenergie *f.*,
~ heat (= radiation heat) Strah-
lungswärme *f.*, **~ tube** (heated)
furnace Strahlungsrohrofen *m.*

radiating, **~ burner** Strahlungsbrenner *m.*, **~ power** 1. Strahlungsvermögen *n.*, 2. Abstrahlung *f.*

radiation Strahlung *f.*, **~ heating**
Strahlungsheizung *f.*, **~ loss**
Strahlungsverlust *m.*, **~ of heat**
Wärme(aus)strahlung *f.*, **~ power**
Strahlungsvermögen *n.*, Abstrahlung *f.*, **~ pyrometer** Strah-
lungspyrometer *n.*, **~ recuperator** Strahlungsrekuperator *m.*,
~ -sensitive glass strahlungsempfindliches Glas *n.*, **~ surface**
Strahlungsfläche *f.*, **~ temperature** Strahlungstemperatur *f.*

radioactive tracer radioaktiver Indikator *m.*, radioaktives Leitelement *n.*

radiograph Röntgenbild *n.*

radioisotope (=radioactive isotope)
radioaktives Isotop *n.*

radio, **~ tube** (= radio valve)
Radioröhre *f.*, **~ valve** Radioröhre *f.*

radius Radius *m.*

radome Radarhaube *f.*

railway siding Anschlußgleis *n.*

ram Ramme *f.*, Stoßkolben *m.*,
Eintaucharm *m.* mit Saugkopf
bei der Westlake-Maschine

rammed block REF gestampfter
Stein *m.*

ramming, compound (= ramming mix) REF feuerfeste Stampfmasse *f.*

ramp Rampe *f.*

random, **~ network** (glass structure) ungeordnetes Netz *n.*,
~ sample Stichprobe *f.*, **~samp-
ling** Stichproben(ent)nahme *f.*

rare earths seltene Erden *f. pl.*,
~ oxides SE-Oxyde *n. pl.*

rated capacity Nennleistung *f.*,
Solleistung *f.*

rate of heat transfer Wärmedurch-
satz *m.*

raw, **~ batch** Rohgemenge *n.*,
scherbenfreies Gemenge *n.*,
~ cullet Scherbengemenge *n.*,
~ limestone roher Kalkstein *m.*

raw, ~material Rohstoff *m.*, Rohmaterial *n.*, **~ wool** GF lose Wolle *f.*

ray Strahl *m.*

reaction Reaktion *f.*, **~ velocity** Reaktionsgeschwindigkeit *f.*

reactivity Reaktionsfähigkeit *f.*

readings Meßwerte *m.* pl.

reagent Reagens *n.*

ream DEF Rampe *f.*, Schlierenbildung *f.*

reanneal nachkühlen

rear end (of furnace) Einlegeende *n.*, „vorderes“ Ende *n.*

reboil v. aufschäumen, aufkochen (nach scheinbarer Läuterung), nachschäumen, n. Aufschäumen *n.*, Aufkochen *n.*, Nachschäumen *n.*, sekundäre Blasenbildung *f.*

receptacle Gefäß *n.*, Behälter *m.*

recessed panel (vertiefte) Etikettfläche *f.* (auf der Flasche)

reciprocal relative dispersion reziproke, relative Dispersion *f.*, Abbésche Zahl *f.*

recirculating, ~ -air lehr Umwälzkühlofen *m.*

~ system Umlaufsystem *n.*

recorder Meßschreiber *m.*, Registriergerät *n.*

recovery of waste heat Abwärmeverwertung *f.*, Wärmerückgewinnung *f.*

recrystallisation Rekristallisation *f.*

recuperation Rekuperation *f.*

recuperative furnace Rekuperativofen *m.*

recuperator Rekuperator *m.*

red, ~ edge DEF roter Polierrand *m.* (bei Spiegelglas), **~ heat** Rotglut *f.*, **~ lead** Mennige *f.*, **~ stain** Rotbeize *f.*, Kupferbeize *f.*

reducing, ~ agent Reduktionsmittel *n.*, **~ flame** reduzierende Flamme *f.*

reed GF Kamm *m.*

reel v. haspeln, n. Haspel *f.*

reference, ~ point Meßpunkt *m.*, **~ sample** Eichsubstanz *f.*, -probe *f.*

(re)fine läutern

(re)fined glass geläutertes Glas *n.*, blankes Glas *n.*

refiner Läuterwanne *f.*, Arbeitswanne *f.*

(re)fining Läuterung *f.*, **~ agent** Läutermittel *n.*, **~ end** Läuterwanne *f.*, **~ of optical glass** Glasvergütung *f.*, **~ zone** (or **tank**) Läuterzone *f.*

reflectance (= reflectivity) (zahlenmäßige) Reflexion *f.*, Reflexionsgrad *m.*

reflection Reflexion *f.*

reflector Reflektor *m.*, Scheinwerfer *m.*, Rückstrahler *m.*

refraction (of light) 1. Lichtbrechung *f.*, 2. Refraktion *f.* (= Beziehung zwischen Brechungszahl und Dichte)

refractive index Brechungsindex *m.*

refractivity Lichtbrechung(svermögen) *f.* (*n.*)

refractometer Refraktometer *n.*

refractoriness Feuerfestigkeit *f.*, Hitzebeständigkeit *f.*

refractory feuerfest, **~ blocks** feuerfeste Steine *m.* pl., **~ cement** feuerfester Zement *m.*, feuerfester Mörtel *m.*, **~ material** feuerfestes Material *n.*, **~ mortar** feuerfester Mörtel *m.*, **~ oxides** REF feuerfeste Oxyde *n.* pl., **~ stones** DEF Steinchen *n.* pl. aus dem feuerfesten Material

refrigerate (tief) kühlen

refrigerator insulation GF Kühl-schrankisolierung *f.*
regenerate regenerieren
regeneration Rückgewinnung *f.*, Regenerierung *f.*
regenerative, ~ chamber s. regene-rator, **~ firing** Regenerativfeu-erung *f.*, **~ furnace** Regenerativ-ofen *m.*
regenerator Regenerativkammer *f.*, Kammer *f.*, Regenerator *m.*, **~ flue** Kammerkanal *m.*, **~ pack-ing** Gitterwerk *n.*, Kammer-packung *f.*, Ausgitterung *f.*, **~ setting** Kammersetzweise *f.*, **~ top space** Sammelraum *m.* (im Brenner oberhalb des Gitter-werkes)
registration Zentrierung *f.*, **~ attachment** Zentriervorrich-tung *f.*
regulator Regler *m.*
reheat v. rückerwärmen, rück-erhitzen, wiedererwärmen (des Glases nach Vorformung), *n.* Rückerwärmung *f.*, Rücker-hitzung *f.*, Durchwärmen *n.*, Temperaturausgleich *m.*
reheating oven Aufwärmeofen *m.*, Auftreibeofen *m.*, -trommel *f.*
reinforced, ~ concrete Eisenbeton *m.*, armierter Beton *m.*, **~ plastics** verstärkte Kunststoffe *m.* pl.
reinforcement of plastics Kunst-stoffverstärkung *f.*, -bewehrung *f.*
reinforcing, ~ mat GRP Verstär-kungsmatte *f.*, **~ ring** Halsring *m.*
reinspection Nachsortierung *f.*
reject, ~ indicator Ausschußanzei-ger *m.*, **~ light** Prüflampe *f.*
rejects Ausschuß *m.*, Abfall *m.*
relative brightness visueller Wir-kungsgrad *m.*
relaxation time Relaxationszeit *f.*

relay Relais *n.*
release agent Trennmittel *n.*
relief, ~ arch FUR Entlastungs-bogen *m.*, **~ enamel** DEC Relief-email *n.*, **~ valve** Sicherheits-ventil *n.*
relieving arch s. relief arch
remelt umschmelzen
repair Reparatur *f.*, **~ shop** Repa-raturwerkstatt *f.*
repeated impact strength Dauer-schlagfestigkeit *f.*
reproducible reproduzierbar
reputed quart Flasche *f.* mit einem Inhalt von 26 fl. oz. = ca. 73 cl
residual strain Restspannung *f.*
residue of fuel Brennstoffrück-stand *m.*
resilience (= resiliency) Elastizi-tät *f.*, Rückfederung *f.*
resin (Kunst-)Harz *n.*, **~ -bonded board** (or slab) GF harzgebundene Platte *f.*, **~ -rich areas** GRP harz-reiche Stellen *f.* pl., glasarme Stellen *f.* pl., **~ -starved areas** GRP harzarme Stellen *f.* pl.
resist DEC Decklack *m.*, Maskie-rung *f.*
resistance Widerstand *m.*, Bestän-digkeit *f.*, Festigkeit *f.*, **~ furnace** Widerstandsofen *m.*, **~ heating** Widerstandsbeheizung *f.*, **~ to aging** Alterungsbeständigkeit *f.*, **~ to bursting pressure** Berst-druckfestigkeit *f.*, **~ to pressure** Druckfestigkeit *f.*
resistivity spezifischer Widerstand *m.*, auch Wärmedurchlaßwider-stand *m.* bei GF
resistor (= resistance) elektri-scher Widerstand *m.*
resonance Resonanz *f.*
restrictor (= orifice plate) Meß-blende *f.*, Stauscheibe *f.*

retainer mat Akkumulatortrennplatte *f.*, Batterietrennplatte *f.*
reticulated glass genetztes Glas *n.*
return FUR Umlenkraum *m.*
returnable bottle Leihflasche *f.*,
Pfandflasche *f.*
reversal FUR Umstellung *f.*, Umsteuerung *f.*, Feuerwechsel *m.*,
~ drum Wechseltrommel *f.*,
~ flue Wechselkanal *m.*
reverse FUR umstellen, umsteuern
reversible reversibel, umkehrbar,
~ -pitch stack fan umkehrbares
Kaminsaugzuggebläse *n.*
reversing, ~ clapper Umsteuer-
klappe *f.*, Luftwechselklappe *f.*,
~ drum (Luft-)Wechseltrommel
f., **~ valve** Umsteuerventil *n.*,
~ valve flue Wechselkanal *m.*
revolving, ~ -grate producer Dreh-
rostgenerator *m.*, **~ pot** FUR
Drehwanne *f.*, Drehtank *m.*,
~ pot with island Drehtank *m.*
mit Insel, **~ sleeve** s. revolving
tube, **~ tube** FEED Drehrohr *n.*,
~ ~ carrier Rohrtraverse *f.*
rheology Rheologie *f.*
rheostat (= resistor) elektrischer
Widerstand *m.*
rhodium Rhodium *n.*
ribbed glass geripptes Glas *n.*
ribbon Band *n.*, **~ machine** Kolbenblasmaschine *f.*, (von Corning
Glass Works) bei der die Glüh-
lampenkolben aus einem Glasband geformt werden
rib, ~ lath Rippenstreckmetall *n.*,
~ marks Bruchlinien *f.* pl.,
Rippen *f.* pl., Wallner-Linien *f.*
pl. (= Wallnersche Bruch-
linien)
rider arch FUR Schlitzbogen *m.*
rigid board GF steife Platte *f.*

rigidity Steife *f.*, Starrheit *f.*
rigid section GF Rohr(isolier)-
schale *f.*
rim etching DEC Saumätzung *f.*
ring Kranz *m.*, Ring *m.*, **~ balance**
Ringwaage *f.*, **~ ga(u)ge** Ring-
lehre *f.*, **~ holder** FEED Ringtopf
m., **~ hole** FUR Anfangring *m.*,
Arbeitsloch *n.*, Entnahmeloch
n., **~ section** Ringschnitt *m.*,
~ ~ examination Ringschnitt-
prüfung *f.*
rippled glass Gußglas *n.* mit Riffelmuster, geripptes Glas *n.*
ripple marks (= rib marks) Bruchlinien *f.* pl., Rippen *f.* pl.,
Wallner-(sche Bruch-)Linien *f.* pl.
rise of a crown FUR Gewölbestich
m., Kappenstich *m.*
riser Steigleitung *f.*
roasted pyrites (= purple ore) Kiesabbrand *m.*
rock crystal Bergkristall *m.*, auch
Kristallglas *n.*
rocker DEF Wackelflasche *f.*,
~ bottom DEF Hängeboden *m.*,
Wackelboden *m.*
Rockwell Hardness Rockwell-Härte *f.*
rock wool Steinwolle *f.*, Gesteinswolle *f.*
rod, ~ drawer Stabzieher *m.*,
~ ga(u)ge Stabmeßinstrument
n., **~ proof** Eisenprobe *f.*,
Schmelzprobe *f.*
rolled, ~ glass Walzglas *n.*, Gußglas *n.*, **~ -on cap** aufgepreßter
Metallverschluß *m.* mit Gewinde,
Aluminium-Aufrollverschluß *m.*
roll(er) Rolle *f.*, Walze *f.*, Zylinder *m.*
roller, ~ applicator GF Schmälz-
walze *f.*, **~ -hearth furnace** Rol-
lenofen *m.*

roll(er) impression (= roll(er) mark) Walzenabdruck *m.*, Walzenmarke *f.*, -narbe *f.*

roller-type annealing lehr Rollenkühlofen *m.*

rolling, ~ machine Walzmaschine *f.*, **~ process** Walzverfahren *n.* für Flachglas

roll-up machine GF Aufwickelmaschine *f.* (für Rollfilze)

roof, ~ glazing Dachverglasung *f.*, **~ insulation** GF Dachsiolierung *f*, **~ light** Dachverglasung *f.*, Dachfenster *n.*

room temperature Raumtemperatur *f.*

root of neck Halsansatz *m.* (bei einer Flasche), Halsanschluß *m.*

rotary, ~ kiln (= rotating kiln) Drehofen *m.*, **~ muffle** Trommelmuffel *f.*, **~ process** GF Schleuderverfahren *n.* zur Glaswolleherstellung (französischen Ursprungs), **~ table** Drehtisch *m.*

rotating, ~ cylinder method Rotations-Viskosimetermethode *f.*, **~ paddle** FEED s. rotor segment

rotation visco(si)meter Rotationsviskosimeter *n.*

rotor segment FEED Rotorsegment *n.*, Rührwerksegment *n.*

rot-resistant fäulnisfest

rouge Polierrot *n.*, Rötel *m.*

rough(en) in DEC vorreißen, vorschneiden

rough, ~ finish DEF rauhe Mündung *f.*, **~ (or raw) (cast) glass** Rohglas *n.*, Spiegelrohglas *n.*, **~ grinding** Vorschliff *m.*

Roving GF „Roving" *n.* (Glasseidestrang aus einer Anzahl Spinnfäden mit möglichst geringer Drehung)

roundel (Rund-)Scheibe *f.*, Medaillon *n.*

rubber ring Gummi(dicht)ring *m.* (für Konservenglas)

rub-off Abrieb *m.*, Abschürfung *f.*

ruby, ~ glass Rubinglas *n.*, **~ stain** (= red stain) Kupferbeize *f.*

roemer (= rummer) Römer *m.*

run v. laufen, ablaufen, abfließen, *n.* Produktionszeit *f.*, Laufzeit *f.*

runner (= grinding runner) Schleifkopf *m.*, Ferasse *f.*, **~ bar** Schleifeisen *n.*, **~ cut** DEF Ferassenkratzer *m.*

running DEF Verlaufen *n.* des Farbetiketts, **~ sand** (= quick sand) Schwimmsand *m.*, Flugsand *m.*

rupture of glass Springen *n.*, Brechen *n.* des Glases

S

saddle arch (= bearer arch) FUR Schlitzbogen *m.*

safety, ~ cap (or closure) Sicherheitsverschluß *m.*, **~ gate** (Owens Maschine) Sicherheitsbremse *f.*, Schutztür *f.*, **~ glass** Sicherheitsglas *n.*, Schutzglas *n.*, **~ goggles** Schutzbrille *f.*

sag versacken, sacken, ablaufen (Daueretikett), auch durchbiegen, biegen (Glas), senken

sagger (Brenn-)Kapsel *f.*

sagging Senken *n.*, **~ of a bushing** Durchhang *m.* einer Düse

sag point Versackungspunkt *m.*

saltcake Natriumsulfat *n.*

saltpetre (= saltpeter) Salpeter *m.*

salt water (= salts, gall) Galle *f.*, Glasgalle *f.*, Glasschweiß *m.*

sample Muster *n.*, Probe *f.*

sampling Proben(ent)nahme *f.*

sand v. sandglätten, sandieren, abschmirgeln, *n.* Sand *m.*,
~ -and-water-mud Polierschlamm *m.*, **~ -blast** v. sandstrahlen, mit Sandstrahl mattieren, *n.* Sandstrahl *m.*,
~ -blasting equipment Sandstrahlgebläse *n.*, **~-blasting (shop)** Sand(strahl)bläserei *f.*, **~ -carve** s. sand blast, **~ deposit** MIN Sandlagerstätte *f.*, **~ dryer** Sandtrockner *m.*, Sandtrocknungsanlage *f.*, **~ drying equipment** Sandtrocknungsanlagen *f.* pl.

sander Sandschleifmaschine *f.*

sand hole DEF Schleifkratzer *m.* (an Spiegelglas, entstanden beim Rohschleifen)

sandwich (body) (= laminate) Schichtkörper *m.*

sash mortise chisel Glaserbeitel *m.*

satin etch enamels DEC Seidenmattfarben *f.* pl.

satiny (finish) DEC seidenmatt

scale 1. Maßstab *m.*, 2. Waage *f.*, DEF 3. (Formen-)Zunder *m.*, Hammerschlag *m.*

scaling Zunderbildung *f.*

scallop DEF — ACL ausgefranste Druckränder *m.* pl., Raster *m.*

scar DEF Abschnitt *m.*, Abschnittnarbe *f.* oder -marke *f.*

scatter Streuung *f.*

Schellbach tubing Röhren *f.* pl. mit Schellbach-Streifen

schlieren, ~ photograph Schlierenphotographie *f.*, **~ technique** Schlierentechnik *f.*

Schottky defect Schottky-Fehler *m.*, Leerstelle *f.* im Kristallgitter

scone brick (= patch block) FUR Flickstein *m.*, vorgesetzter Stein *m.*

scoop IS Auffangrinne *f.*, „Schippe“

f., **~ holder** Stangenkopf *m.*, Rinnenhalter *m.*

scratch DEF Kratzer *m.*

~ -resistant kratzfest

screen Sieb *n.*, Blende *f.*, Schirm *m.*, (Sieb-)Schablone *f.* für Etikettendruck, **~ analysis** Siebanalyse *f.*, **~ plate** Siebschablone *f.*, **~ -printing method** Siebdruckverfahren *n.*, **~ silk** (= screening silk) Schablonenseide *f.*, **~ stencil** s. screen plate

screw, ~ cap (= ~ lid) Schraubdeckel *m.*, Schraubverschluß *m.*, **~ -type batch feeder** Einlegemaschine *f.* mit Schneckenförderung, Schneckenspeiser *m.*, **~ (-type) finish** Schraub(deckel)mündung *f.*

scrim (fabric) GF Glasfasernetz *n.*, an den Kreuzungsstellen punktgeschweißt (Warenzeichen von OCF)

scrub marks DEF (senkrechte) Falten *f.* pl. am Flaschenhals

scuff-proof scheuerfest, reibfest

sculptured glass DEC Glasskulptur *f.*

scum Schaum *m.*, Galle *f.*, **~ line** Schaumlinie *f.*

seal verschweißen, (luftdicht) verschließen, **~ brick** REF Abschlußstein *m.*

sealing, ~ alloy Verschweißlegierung *f.*, **~ glass** (= solder sealing glass) Lötglas *n.*, Wickelglas *n.*, **~ surface** Dichtungskante *f.* (an der Mündung)

seam v. abkanten, besäumen, *n.* Naht *f.* (der Form), ausgeprägte Naht *f.* (Fehler)

seamless ware attachment IS Zusatzeinrichtung *f.* für die IS-Maschine zur Herstellung nahtloser Artikel

seat Sitz *m.*, Sitzfläche *f.*, Stand-fläche *f.*, Wannenboden *m.*, Ofensohle *f.*

secondary fibre (= fiber) GF Sekun-därfaser *f.* (superfein), **~ regene-rator** FUR Vorkammer *f.*

section Teil *m.*, Schnitt *m.*, Aus-schnitt *m.*, Station *f.* (IS-Ma-schine)

sectional drawing Schnittzeich-nung *f.*

sediment Bodensatz *m.*, Nieder-schlag *m.*

seed DEF Bläschen *n.*, Gispe *f.*, **~ counter** Bläschenzähler *m.*, Bläschenzählgerät *n.*, **~ count (ing)** Bläschenzählung *f.*

seediness DEF Gispigkeit *f.*, Schäu-migkeit *f.*

seedy DEF gispig, feinblasig, schäu-mig, **~ glass** gispiges, schäumi-ges, staubiges Glas *n.*

Seger cone (= pyrometric cone) Segerkegel *m.*

segregation (Gemenge-)Entmi-schung *f.*

selected glazing Fensterglas *n.* 1. Sorte (ausgesuchte Ver-glasungsqualität)

selection Sortierung *f.*

selector Sortierer *m.*, **~ switch** Meßstellenumschalter *m.*, Wahl-schalter *m.*

selenium Selen *n.*, **~ glass** Selen-glas *n.*

selvage (= selvidge) Geweberand *m.*, Salkante *f.*, Rand *m.* des Glasbandes bei Walzglas

semiautomatic halbautomatisch

semiconductivity Halbleitfähigkeit *f.*

semiconductor Halbleiter *m.*

semicrystal glass Halbkristallglas *n.*

semidirect furnace Halbgasofen *m.*

semifinished article Halbfabrikat *n.*

semimanufactured article s. semi-finished article

semirigid board GF halbsteife Platte *f.*, Rollfilz *m.*

semiwhite glass halbweißes Glas *n.*

sensible heat fühlbare Wärme *f.*

series production Serienfertigung *f.*, Massenproduktion *f.*

serigraphy (= silk screen printing) Siebdruck *m.*

service Betrieb *m.*, Bedienung *f.*, Dienst *m.*, Beanspruchung *f.*, Leistung *f.*, **~ life** Beanspru-chungsdauer *f.*, Haltbarkeit *f.*, Lebensdauer *f.*

servitor Glasbläsergehilfe *m.*

set v. erstarren, hart werden, **~ (up)** v. einstellen, aufstellen, einrichten, *n.* Einstellung *f.*, Aufstellung *f.*, Einrichtung *f.*, **~ in bond** FUR im Verband set-zen, **~ the pots** Hafen setzen

setting, ~ point Erstarrungspunkt *m.*, Einfriertemperatur *f.*, **~ rate** Erstarrung(sgeschwindigkeit) *f.* **~ temperature** Einfriertempera-tur *f.*, Erstarrungstemperatur *f.*

settle sacken, abstehen, **~ air** IS Festblaseluft *f.*, **~ blow** Festbla-sen *n.*, **~ marks** DEF Kühlfalten *f. pl.*, **~ wave** IS Festblasewelle *f.*, „Spiegel" *m.*

settling end Abstehwanne *f.*

seven-point-six temperature (= softening point) Erweichungs-punkt *m.*, 7,6-Temperatur *f.* (Viskosität $10^{7.6}$ poise)

sewing machine GF Steppmaschine *f.*

sewn blanket (= sewn sheet) GF gesteppte Matte *f.*, Steppfilz *m.*, Glaswollematte *f.* (nach DIN 18 165), Isoliermatte *f.*

shade Farbstich *m.*, Farbtönung *f.*
shadowgraph Profilprojektor *m.*
shadow wall FUR Schattenwand *f.*
shaft Welle *f.*, Achse *f.*, ~ **furnace** Schachtofen *m.*
shaker Schüttelflasche *f.*, Streuflasche *f.*, Streuer *m.*
shape v. formen, Form geben, *n.* Form *f.*, Gestalt *f.*, Fasson *f.*
shaping block Paddel *n.*
sharp, ~ **finish** (= rough finish) rauhe Mündung *f.*, ~ **fire** scharfe Flamme *f.*, Glattbrand *m.*
shatter, ~ **-proof glass** splittersicheres Glas *n.*, ~ **-resistant** splittersicher, splitterfest
shear v. abscheren, (be)schneiden, *n.* Abscherung *f.*, Beanspruchung *f.*, Schub *m.*, Vorschub *m.*, ~ **blade** Messerklinge *f.*, ~ **-cake** FUR Hängetür *f.*, „Kuchen" *m.*, ~ **cooling** Messerkühlung *f.*, ~ **cut** Glasabschnitt *m.*, Messernarbe *f.*
shear(ing) strength Scherfestigkeit *f.*
shear mark Messernarbe *f.*, Schnittnarbe *f.*, Abschnitt *m.*
shears Messer *n.* pl., Schere *f.*, Halsschere *f.*
shear, ~ **shank** IS Messerträgerwinkel *m.*, ~ **spray** IS Messerbesprühung *f.*, Messerberieselung *f.*, ~ **-spray nozzle** Messersprühdüse *f.*
sheath Schutzrohr *n.* für Thermoelement
sheet Bogen *m.*, Blatt *n.*, Platte *f.*, Tafel *f.*, ~ **glass** Flachglas *n.*, Tafelglas *n.* (gezogenes), Fensterglas *n.*, ~ **-glass drawing** Tafelglasziehen *n.*, ~ **-glass process** Tafelglasverfahren *n.*, ~ **metal** Blech *n.*

shell Mantelform *f.* (bei der Glasbaustein-Maschine, Lynch-PGC Presse)
shelling (of refractories) Aufreißen *n.* von feuerfestem Material
shield(ing) glass Röntgenschutzglas *n.*, Atomstrahlenschutzglas *n.*
shift v. verschieben, versetzen, *n.* Verschiebung *f.*, Verstellung *f.*, Schicht *f.*, ~ **worker** Schichtarbeiter *m.*
shoe Anwärmegefäß *n.* für Pfeifen
shop 1. Laden *m.*, Werkstätte *f.*, Werkstatt *f.*, auch Verarbeitungsanlage *f.* (Maschine + Kühlofen), 2. Arbeitsgruppe *f.*, Kolonne *f.*, „Werkstatt" *f.*, „Rüstung" *f.*, ~ **window** Schaufenster *n.*
short, ~ **finish** DEF nicht auspolierte Stelle *f.* (von Spiegelglas) „grau", ~ **flint (glass)** Kurzflint(glas) *n.*, ~ **glass** kurzes Glas *n.*, ~ **-period test** Kurzzeitversuch *m.*
shot DEF Glasperlen *f.* pl., Perlen *f.* pl., ~ **contents** Perlengehalt *m.* (von Glaswolle)
shoulder, ~ **checks** DEF Schulterrisse *m.*, pl., ~ **of a bottle** Flaschenbrust *f.*, Flaschenschulter *f.*
showcase Schaukasten *m.*, Vitrine *f.*
show window (= shop window) Schaufenster *n.*
shredder GF Zerreißmaschine *f.*
shrend fritten (von Scherben)
shrinkage Schrumpfung *f.*
shrink hole (= font cavity) REF Gießlunker *m.*

shut, ~ down (a furnace) v. einen Ofen löschen, stillegen, n. Löschung f., Stillegung f., **~ -off gate** Absperrschieber m.

shuttle GF Weberschiffchen n.

side-port furnace Seitenbrennerofen m., Querflammenwanne f.

sidewall FUR Seitenwand f. (bis zum Glasspiegel), **~ block** Seitenstein m.

siege Hafenbank f., Gesäß n., Wannenboden m., Ofensohle f., **~ joists** Trägerrost m.

sieve v. sieben, n. Sieb n., **~ analysis** Siebanalyse f.

sight, ~ cap Sichtverschluß m., **~ glass** Schauglas n., **~ hole** (= observation port, peephole) Schauloch n.

signal glass Signalglas n.

silent chain conveyor Morsezahnkettenband n.

silica Kieselsäure f., **96 per cent silica glass** ein Kieselglas n., das nach besonderem Verfahren (Corning) durch Auslaugung und Verdichtung erzeugt wird, **~ block** (or **brick**) Silikastein m., **~ drip** (= ~ drops) abtropfendes Silikamaterial n. vom Gewölbe, **~ flour** Quarzmehl n., **~ gel** Silikagel n., Kieselgel n., **~ glass** Kieselglas n., **~ rundown** s. silica drip

silicate Silikat n.

silica wash s. silica drip

silicon Silizium n., **~ carbide** Siliziumkarbid n., **~ dioxide** (= silica) Siliziumdioxyd n., Kieselsäure f.

silicone Silikon n. (synthetische Verbindung auf Silizium-Kohlenstoffbasis), **~treatment** Silikonbehandlung f., Silikonisieren n.

silicon tetrafluoride Siliziumfluorid n.

silicosis Silikose f.

(silk)screen printing (= (silk)screen process) ACL Siebdruck m.

sillimanite MIN Sillimanit m.

silver v. versilbern, mit Silber belegen, n. Silber n., **~ coating** Silberbelag m., **~ -deposit work** DEC galvanische Versilberung f.

silvering Versilbern n., Versilberung f., Verspiegelung f., **~ shop** Spiegelbeleganstalt f., **~ table** Spiegelbelegtisch m.

silver, ~ nitrate Silbernitrat n., **~ plating** DEC Silberauflage f., Silberplattierung f., galvanische Versilberung f., **~ stain** (= yellow stain) Silberbeize f., -ätze f., -lasur f., Gelbbeize f., -ätze f., -lasur f.

single, ~ -pass regenerator FUR einzügige Regenerativkammer f., **~ - row bushing** GF einreihige Düse f., **~ thickness (of sheet glass)** einfache Dicke (ED) f. von Fensterglas, **~ -trip bottle** (= one-way bottle) Einwegflasche f.

sink-float technique Schwebemethode f. (zur Dichtebestimmung)

sinter sintern, fritten

sintered, ~ corundum Sinterkorund m., **~ fibre** (= fiber) gesinterte Faser f., **~ glass** Sinterglas n., gesintertes Glas n.

siphon (tube) Heber m., Siphon m.

sitter-up (= second teaser) zweiter Schmelzer m., Schmelzgehilfe m.

size Größe f.

size (= sizing) GF n. 1. Schlichte f., Schmälze f., Bindemittel n., 2. Sortierung f. (nach der Größe), Siebung f., v. sortieren (nach Größe)

size box GF Bindemittelbehälter *m.*

sized GF geschlichtet

sizing machine Sortiermaschine *f.* (nach Größe)

skate wheel conveyor Röllchenbahn *f.*

skein GF Docke *f.*, Strähne *f.*

skeletonization Auslaugung *f.* von Glas, bis Kieselskelett übrigbleibt (= 96% silica glass)

skewback (= springer) FUR Widerlager *n.*, ~ **bearer** FUR Widerlagerträger *m.*

skim abfeimen, abschäumen

skimmer Abschäumer *m.*, Abfeimer *m.*, ~ **(block)** Abschäumer *m.*, Abstreifstein *m.*, Abstreifer *m.*, Absperrstein *m.*

skimming rod Abfeimeisen *n.*

skin, ~ **blister** DEF Oberflächenblase *f.*, ~ **cracks** (= crizzles) DEF Oberflächenrisse *m.* pl.

skip hoist Schrägaufzug *m.*, Kübelaufzug *m.*

skirt GF Schürze *f.*

skittle pot (= cannon pot) Hafen *m.* für kleine Glasmengen

skylight 1. Dachfenster *n.*, Oberlicht *n.*, Dachverglasung *f.*, 2. schlechtes Spiegelglas *n.*

slag v. verschlacken, *n.* Schlacke *f.*, Herdglas *n.*

slagging Verschlacken *n.*

slag wool Schlackenwolle *f.*

slaked lime gelöschter Kalk *m.*

slat conveyor Plattenband *n.*

sleek DEF Filasse *f.*, feiner Kratzer *m.*

sleeper FUR Durchlaß-Seitenstein *m.*

sleeving GF Schlauch *m.*

sley GF Anzahl Kettfäden pro Zoll bei fertigem Gewebe

slick s. sleek

slide 1. Schieber *m.*, 2. Objektträger *m.*, Diapositiv *n.*, 3. DEF Abrutschen *n.* der Buchstaben beim Daueretikett,

slide (valve) Schieber *m.*

sliding door Schiebetür *f.*

slip REF Schlicker *m.*, ~ **-casting technique** (or **process**) Schlemperguß *m.*, Schlickergießverfahren *n.*, ~ **-on cap** Stülpdeckel *m.*, ~ **-over ga(u)ge** Abtaster *m.*, Abgreifer *m.* (zur Stärkemessung)

slippage (= slipping) GF Gleiten *n.*, Rutschen *n.* der Fäden im Gewebe

slitter (= slicer) Rohsortierer *m.* (von optischen Glasbrocken)

slitting disc (=disk) GF Schneidrad *n.*

sliver GF Lunte *f.*, Vorgarn *n.*, ~ **count** (or **number**) Anzahl der 100 yd-Längen/lb. bei Vorgarn

slot Schlitz *m.* (auch vom Dampfgebläse)

slough GF wegrutschende äußere Lagen *f.* pl. von aufgespultem Garn oder Fäden

slow acting cam „schlanke" Plungerkurve *f.* (am Speiser)

slubber GF Vorflyer *m.*

slubs GF Flusen *f.* pl.

slug(ged) bottom (= wedged bottom) DEF schiefer Boden *m.*, einseitig verdickter Boden *m.*

sluggish zähflüssig

slugs (= shot) DEF 1. Perlen *f.* pl., Glasperlen *f.* pl. (GF), 2. Verdickungen *f.* pl. im Glas

slump ablaufen (der Farbe beim Daueretikett)

slush casting Hohlguß *m.*, Sturzguß *m.*

small-size (glass)ware Kleinglas *n.*

smalt (= blue smalt) Smalte *f.*

smear DEF Oberflächenrisse *m. pl.*

smelt schmelzen (hauptsächlich von Metall, Emailrohstoffen etc.)

smoked glass beschlagenes, rauchverfärbtes Glas *n.*

snaking „Wechseln" *n.* der Borten bei gezogenem Glas

snap, ~ (-**fit**) **cap** (= slip-on cap) Stülpdeckel*m.*,~ga(u)geRachenlehre *f.*

soak Spannungsausgleich *m.* (im Kühlofen)

soaking, ~ **area** FUR Einlegezone *f.,* ~ **pit** Abstehofen *m.* (veralt. — Gußglas)

soap savonnieren, fein schleifen

soda (ash) Soda *f.,* Natriumkarbonat *n.,* **dense soda (ash)** schwere Soda *f.,* **granular soda (ash)** granulierte Soda *f.,* **light soda (ash)** leichte Soda *f.*

soda, ~ -**lime** (-**silica**) **glass** (also lime-soda glass) Alkali-Kalk-kieselsäureglas *n.,* Sodakalkglas *n.,* Kalknatronglas *n.,* ~ **nitre** (= niter) Natronsalpeter *m.,* Natriumnitrat *n.,* ~ -**water bottle** Sodawasserflasche *f.*

sodium Natrium *n.,* ~ **alginate** Natriumalginat *n.,* ~ **carbonate** Natriumkarbonat *n.,* Soda *f.,* ~ **disilicate** MIN Natriumdisilikat *n.,* ~ **hydroxide** Natriumhydroxyd *n.,*Ätznatron *n.,* ~ **metasilicate** MIN Natriummetasilikat *n.,* ~ **nitrate** Natriumnitrat *n.,* Natronsalpeter *m.,* ~ **oxide** Natriumoxyd *n.,* ~ -**silica glass** Natrium-Kieselsäureglas *n.,* ~ **silicate** Natriumsilikat *n.,* Wasserglas *n.,* ~ **sulphate** (= sulfate) Natriumsulfat *n.*

soft drinks alkoholfreie Getränke *n. pl.*

softening point (107.6 poise) Erweichungspunkt *m.,* Littleton-Punkt *m.*

soft, ~ **fire** Rauchfeuer *n.,* ~ **flame** „weiche" Flamme *f.,* Rauchfeuer *n.,* ~ **glass** weiches Glas *n.*

solarization Solarisation *f.*

solder Lötmetall *n.,* ~ -**sealing glass** (= sealing glass) Lötglas *n.,* Wickelglas *n.*

soldering flux (or fluid) Lötwasser *n.*

soldier block FUR Palisadenstein *m.*

solenoid valve Solenoidventil *n.,* Magnetventil *n.*

solidification Erstarrung *f.*

solidify erstarren

soluble löslich, ~ **glass** Wasserglas *n.*

solubility effect Löslichkeitseffekt *m.*

solution Lösung *f.*

solvent Lösungsmittel *n.*

sort sortieren

sorter Sortierer *m.*

sorting Sortierung *f.*

sound Schall *m.,* ~ **absorption** Schallabsorption *f.,* Schallschluckung *f.,* Schalldämmung *f.,* ~ -**absorption coefficient** Schallschluckkoeffizient *m.,* ~ **attenuation** Schalldämpfung *f.,* Schalldämmung *f.,* ~ -**deadening** Schallabsorption *f.,* Schallschluckung *f.,* ~ **insulation** Schallisolierung *f.,* ~ **intensity** Schallstärke *f.,* ~ **wave** Schallwelle *f.*

spacer Zwischenstück *n.,* Distanzring *m.,* (bei der IS-Maschine)

spall REF abblättern, abspringen

spalling test Splitterprüfung *f.*

specification Spezifikation *f.,* (Herstellungs-)Vorschrift *f.*

specific, ～ **gravity** spezifisches Gewicht *n.*, Wichte *f.*, ～ **heat** spezifische Wärme *f.*, ～ **melting efficiency** spezifische Schmelzleistung *f.*

spectacle glass Brillenglas *n.*

spectral transmittance spektrale Durchlässigkeit *f.*

spectrochemical analysis Spektralanalyse *f.*

spectrometer (or -**metre**) Spektrometer *n.*

spectrophotometer (or -**metre**) Spektralphotometer *n.*

spectrum Spektrum *n.*, ～ **line** Spektrallinie *f.*

speed of fracture Bruchgeschwindigkeit *f.*

spent oxide ausgebrauchte Gasreinigungsmasse *f.*

spicule GF grobes unfaseriges Material *n.* in der Glaswolle (das die Hautreizung verursacht)

spider 1. FUR Gewölbekrone *f.* 2. Polierkrone *f.*, 3. Sternrad *n.*, Fächerstern *m.*

spike DEF Bodenzapfen *m.*

spin spinnen

spindle Spindel *f.*

spinel MIN Spinell *m.*

spinnable fibres (= textile fibres (= fibers)) spinnbare Fasern *f.* pl.

spinner (rotary process) Spinner *m.*, Spinnapparat *m.*

split 1. DEF Riß *m.*, Spalte *f.*, 2. kleine Mineralwasserflasche *f.*, ～ **finish** DEF gerissene Mündung *f.*, Mündungsrisse *m.* pl., Lippenrisse *m.* pl., Einläufe *m.* pl., ～ **mo(u)ld** zweiteilige Form *f.*, geteilte Form *f.*

spodumene MIN Spodumen *m.*

spondylic clays spondyle Tone *m.* pl.

sponge v. aufschäumen, *n.* Schwamm *m.*, ～ **glass** Schaumglas *n.*

sponging Aufschäumen *n.*

spool GF Spule *f.*, ～ **tile** REF Spezialformstein *m.* für Kammerpackungen

spoon proof Schöpfprobe *f.*

spotting lug Zentriernocken *m.*

spot-weld punktschweißen

spot-welded wire mesh punktgeschweißtes Drahtgewebe *n.*

spout 1. Tülle *f.*, Auslauföffnung *f.*, Rinne *f.*, 2. Speiserbecken *n.*, Speiserkopf *m.*, Vorbecken *n.*, Auslaufstein *m.* (Flachglas), 3. (Führungs-)Trichter *m.* (bei der Glaswollefertigung), ～ **block** Speiserbeckenstein *m.*, ～ **casing** Speisergehäuse *n.*, Speisergußbecken *n.*, Gußbecken *n.*

spray v. besprühen, sprühen, versprühen, berieseln, *n.* Sprühnebel *m.*, Besprühung *f.*, Berieselung *f.*, ～ **gun** Spritzpistole *f.*, Zerstäuber *m.*, Aerograph *m.*

springer FUR (= skewback) Widerlager *n.*

spring of arch Pfeilhöhe *f.*

sprinkler finish Spritzmündung *f.* (mit verengter Öffnung)

sprocket(wheel) Kettenrad *n.*

sprung arch Stichbogen *m.*

spun glass (fibres) gesponnenes Glas *n.*, Glasgespinst *n.*, Textilglas *n.*

spy glass Feldstecher *m.*, Fernglas *n.*

squat jar flacher, gedrungener Topf *m.*, niedriges Glas

squeegee ACL Rakel *f.*, ～ **oil** Drucköl *n.*

squeeze bottle Quetschflasche *f.*, Polyäthylenflasche *f.*

stable beständig, stabil, standfest

stability CHEM Beständigkeit *f.*, Stabilität *f.*, Standfestigkeit *f.*

stabilized glass 1. Glas *n.* im thermischen Gleichgewicht, 2. strahlungsunempfindliches Glas *n.*

stabilizer 1. Stabilisator *m.*, 2. Bortenhalter *m.*

stack Kamin *m.*, Schlot *m.*, Schornstein *m.*, ~ **damper** Kaminschieber *m.*, ~ **draught** (or **draft**) Kaminzug *m.*

stacker Kühlofen-Beschickungsvorrichtung *f.*, Kühlofen-Eintragevorrichtung *f.*

stack temperature Kamintemperatur *f.*

stagnant glass stagnierendes Glas *n.*

stain v. beizen, auch beflecken, *n.* 1. Beize *f.*, Farbbeize *f.*, Lasurfarbe *f.*, 2. Fleck *m.* (durch Säureangriff)

stained glass windows bemalte Glasfenster *n.* pl., Kirchenfenster *n.* pl.

staining, ~ **class** Fleckenempfindlichkeit *f.* (Maß für Säurebeständigkeit von optischem Glas), ~ **compound** Beizmasse *f.*

stainless steel oxydationsbeständiger Stahl *m.*, rostfreier, korrosionsfester Stahl *m.*

standard Norm *f.*, Standard *m.*, ~ **deviation** Normabweichung *f.*

standardization Normung *f.*, Standardisierung *f.*

standard, ~ **sample** Eichsubstanz *f.*, -probe *f.*, ~ **sizes** (rolled glass) Lagergrößen *f.* pl.

standing-off end (or **chamber**) Abstehwanne *f.*

staple, ~ **cloth** GF Stapelfasergewebe *n.*, ~ **fibre** GF Stapelfaser *f.*, ~ **yarn** GF Stapelfasergarn *n.*

starch GF Stärke *f.*

starter (**switch**) Anlasser *m.*

starting down GF Neufließen *n.* des Glases, nachdem ein Faden gerissen ist

start (**up**) anlassen

starwheel (= transfer wheel) Zellenrad *n.*, Übergabeteller *m.*, „Stern" *m.*

steam (Wasser-)Dampf *m.*, ~ **blast** Dampfgebläse *n.*, ~ **blower** s. steam blast, ~ **-blown fibres** (=fibers) GF nach dem Düsenblasverfahren hergestellte Fasern *f.* pl., ~ **-blown process** GF Düsenblasverfahren *n.*, ~ **chamber** Dampfkammer *f.*

steel, ~ **plate** DEC Stahlplatte *f.* (für Umdruck), ~ **-plate transfer process** DEC Umdruckverfahren *n.*, ~ **scale** Stahlzunder *m.*

steelwork FUR Verankerung *f.*, Stahlgerüst *n.*

stem Stiel *m.*, ~ **cut(ting)** Stielschliff *m.*, ~ **glass** Stielglas *n.*, ~ **ware** Kelch- oder Stielglasartikel *m.* pl., ~ **tube** Trichterrohr *n.*, Tellerrohr *n.* (der Glühlampe), Fußrohr *n.*

stencil Schablone *f.*

sterilize sterilisieren

still Destillierapparat *m.*, ~ **air** unbewegte Luft *f.*

sting out ausflammen, ~ ~ **losses** Ausflammverluste *m.* pl.

stipple DEC Punkt(muster) *m.*, (*n.*), Körnung *f.*

stir umrühren

stirrer FEED Rührwerk *n.*

stirring, ~ **blade** Rührschaufel *f.*, ~ **rod** Rührer *m.*, Rührstab *m.*, ~ **test** Rührprobe *f.*

stock 1. Lager(bestand) *n.* (*m.*), 2. GF Vorgarn *n.*, Lunte *f.*

stock, ~ **mo(u)ld** genormte Form *f.*, Standardform *f.* , ~ **sizes** Lagermasse *n.* pl., Freimasse *n.* pl.

stone DEF Steinchen *n.*, Glaseinschluß *m.*, ~ **identification** Steinchenbestimmung *f.*

stoneware Steingut *n.*, Steinzeug *n.*

stop v. halten, anhalten, abstellen, anschlagen, *n.* Anschlag *m.*, ~ **motion** GF Fadenwächter *m.*

stopper Verschluß-Stopfen *m.*, Stopfstein *m.*, Verschlußplatte *f.* (von Hafenöfen), auch Absperrstein *m.*

stoppered bottle Flasche *f.* mit Stopfen, Stöpselflasche *f.*

stopping FUR Kammerspiegel *m.*

storage Lagerung *f.*, ~ **bin** Vorratsbunker *m.*, Speicherbunker *m.*, ~ **tank** Lagertank *m.*, Speichertank *m.*

straddle Abgreifer *m.* (zur Stärkenmessung)

straight throat FUR normaler Durchlaß *m.*, bodengleicher Durchlaß *m.*

strain Spannung(szustand) *f.* (*m.*), Verspannung *f.*, ~ **detector** Spannungsprüfer *m.*, ~ **disk** (= disc) Spannungsscheibe *f.*, ~ **ga(u)ge** Spannungsmeßgerät *n.*, ~ **point** (= S.P.) untere Kühltemperatur *f.* ($10^{14.6}$ poise), ~ **-release point** Entspannungspunkt *m.*

strand GF ungezwirnte Glasseidebündel *n.* pl., Spinnfaden *m.*

(strap and) lever stopper Hebelverschluß *m.*

strass Straß *m.*

stratification DEF Schichtung *f.*

streak DEF Streifen *m.*, dünne Schliere *f.*

strength Stärke *f.*, Festigkeit *f.*, auch Dicke *f.* bei Fensterglas

stress v. beanspruchen, belasten, *n.* Spannung *f.*, elastische Dehnung *f.*, Beanspruchung *f.* (gerichtete), ~ **-optical coefficient** spannungsoptischer Koeffizient *m.*, ~ **release** Entspannung *f.*

stria (pl. striae) DEF (dünne, streifenförmige) Schliere *f.*, „Schichtung" *f.*, auch längliche Blasen *f.* pl.

striated glass DEF „gekämmtes" (stark fädiges) Glas *n.*

strike schlagen, anlaufen

string fadenförmige Schliere *f.*, „Faden" *m.*

strip chart recorder Trommelschreiber *m.*

stripe (= band) rändern

strip fusion Verschmelzprobe *f.* (Ausdehnungsmessung)

striping wheel (= banding wheel) Ränderscheibe *f.*, Reifelscheibe *f.*,

stripping bath Abstreifbad *n.*

stroke Hub *m.*

structural, ~ **glass** Bauglas *n.*, ~ **transformation** Strukturumwandlung *f.*

structure of glass Glasstruktur *f.*, Glasaufbau *m.*

"stuck" ware DEF Geklebte *f.*, Klebestellen *f.* pl.

study Untersuchung *f.*, Studie *f.*

stump Bodenglas *n.*

submarine throat (= submerged throat) FUR versenkter, tiefer Durchlaß *m.*

substance Substanz *f.*, Stärke *f.*, Dicke *f.* von Flachglas

suck-and-blow process Saugblaseverfahren *n.*

suction, ~ **bottle** Saugflasche *f.*, ~ **box** Saugkammer *f.*, Saugkasten *m.*, ~ **fan** (Luft-)Absauger *m.*, Sauggebläse *n.*

suction (-fed) machine Saugformen-Maschine *f.*, Saugblasemaschine *f.*, ~ **filter** Saugfilter *n.*, ~ **process** Saugverfahren *n.*, Saugblaseverfahren *n.*, ~ **pyrometer** Absauge-pyrometer *n.*, Absaugethermoelement *n.*, ~**ventilator** s. suction fan

sugary cut DEF rauhe Schnittkante *f.* bei Flachglas

sulphate scab (= sulfate scab) DEF Sulfatblase *f.*

sulphur (= sulfur) schwefeln, *n.* Schwefel *m.*, ~ **amber glass** (= carbon sulphur amber glass) Kohlegelbglas *n.* ~ **cast** Schwefelabguß *m.* (zur Inhaltsbestimmung von Formen),

sulphuric acid Schwefelsäure *f.*

sulphuring *n.* Schwefeln *n.*, Schwefelbehandlung *f.*, Schwefelung *f.*

sulphurize (= sulphur) schwefeln

sulphur treatment s. sulphuring

sump throat (= submarine, submerged throat) FUR versenkter, tiefer Durchlaß *m.*

sunburner DEF (örtliche) Verdikkung *f.*, ungleichmäßige Glasverteilung *f.*

sun glasses Sonnenschutzglas *n.*, Sonnenbrille *f.*

sunk(en) throat (= drop(ped) throat) FUR versenkter, tiefer Durchlaß *m.*

sunken shoulder DEF versackte Schulter *f.*

supercooled liquid unterkühlte Flüssigkeit *f.*

super-duty refractory material Schamottesteine *m.* pl. mit 43 — 44% Al_2O_3, 51—53% SiO_2

superfine fibre (= fiber) GF superfeine Faser *f.* (Durchmesser etwas unter 4 micron)

superstructure FUR Oberbau *m.*,

Oberofen *m.*, ~ **sidewall** (= breastwall) FUR Oberbau-Seitenwand *f.*

supply pipe Zuführungsrohr *n.*, -leitung *f.*

surface Oberfläche *f.*, Fläche *f.*, ~ **chemistry** Oberflächenchemie *f.*, ~ **cord** DEF Oberflächenschliere *f.*, Winde *f.*, ~ **current** Oberflächenströmung *f.*, ~**engraving** DEC Leichtgravur *f.*, ~ **resistivity** Oberflächenwiderstand *m.*, ~ **tension** Oberflächenspannung *f.*

surfacing mat GF Oberflächenmatte *f.*

surge bin Ausgleichbunker *m.*

suspended, ~ **arch** Hängebogen *m.*, ~ **crown** FUR Hängedecke *f.*, Hängegewölbe *n.*, ~ **roof brick** Hängedeckenstein *m.*

suspension Aufschlämmung *f.*, Suspension *f.*, Aufschwemmung *f.*

swab schwabbeln, Formen auswischen, schmieren

sweet glass langsam erstarrendes, leicht verarbeitbares, langes Glas *n.*

swing stopper Bügel- oder Hebelverschluß *m.*

switch Schalter *m.*, ~ **board** Schaltbrett *n.*, ~ **cabinet** Schaltschrank *m.*

syenite MIN Syenit *m.*

(synthetic) resin Kunstharz *n.*

synthesis Synthese *f.*

syphon Siphon *m.*, auch Stiefel *m.*

syringe Injektionsspritze *f.*

T

table (glass) ware Tafelgeschirr *n.*

tail of flame Flammenspitze *f.*

take, ~ **in** eintragen (in den Kühlofen), pflegen

take, ~-out IS Entnahme(vorrichtung) *f.* **~ -out jaw** Entnahme-
greifer *m.*, Entnahmefinger *m.*,
~ -out tongs s. take-out jaw
taker-in Einträger *m.*, Pfleger *m.*
taking-down period Abkühlzeit *f.*,
Abstehzeit *f.*
tamperproof closure (= pilferproof
closure) Sicherheitsverschluß *m.*
(dessen unterer Rand durch
Drehung abfällt)
tank Wanne *f.*, Schmelzwanne *f.*,
Wannenbecken *n.*
tankard Humpen *m.*
tank, ~ block Wannen(becken)-
stein *m.*, Ringstein *m.*, **~ block
course** Wannensteinlage *f.*,
~ bottom Wannenboden *m.*,
~ depth Badtiefe *f.*, **~ efficiency**
Wirkungsgrad *m.* einer Wanne,
Wannenleistung *f.*, **~ furnace**
(Glasschmelz-)Wannenofen *m.*,
Durchflußwanne *f.*, **~ glass** in
einer Wanne geschmolzenes Glas
n., **~ load** Wannenbelastung *f.*,
~ neck Wannenhals *m.*, **~ pull**
Wannenbelastung *f.*, Durchsatz
m., **~ refractories** feuerfestes
Wannenmaterial *n.*
tantalum oxide Tantaloxyd *n.*
tap v. (eine Wanne) ablassen, Herdglas ziehen, Hafen austragen,
n. 1. Abstich *m.*, 2. (Zapf-) Hahn *m.*
tape Band *n.*
taper v. konisch zulaufen, sich ver-
jüngen, *n.* Konizität *f.*
tap hole Ablaßloch *n.*, Zapfloch *n.*
tarnish v. beschlagen, anlaufen,
blau werden, blind werden,
n. Bläue *f.*, Beschlag *m.*, Patina *f.*
tea glass Teeglas *n.*
tear DEF Klebestelle *f.*, Falte *f.*,
~ -off cap Abreißverschluß *m.*,
~(ing) resistance Reißfestigkeit

f., **~-resistant** reißfest, **~ strength**
s. tear resistance, **~ under finish**
DEF Klebestelle *f.*, Falte *f.* unter
der Mündung
teaser (= teazer, founder) Schmelzer *m.*, Schürer *m.*
teem Hafen ausgießen
teemer Gießer *m.* (des Hafens)
telescope Teleskop *n.*, **~ disc** (=
disk) Teleskoplinse *f.*, Teleskopspiegel *m.*, **~ flint (glass)** (=
short flint) Kurzflint(glas) *n.*,
~ mirror Teleskopspiegel *m.*
television, ~ bulb Fernsehröhre *f.*,
~ faceplate Fernsehschirm *m.*,
Bildschirm *m.*, **~ screen** s. television faceplate, **~ tube** s. television bulb
tellurium glass Tellurglas *n.*
temper abschrecken, härten
temperature Temperatur *f.*,
~ balance Temperaturausgleich
m., Temperaturgleichgewicht *n.*,
~ control Temperaturregelung *f.*,
Temperaturüberwachung *f.*,
~ drop Temperaturabfall *m.*,
~ gradient Temperaturgefälle *n.*,
Temperaturunterschied *m.*,
Temperaturverlauf *m.*, **~ measurement** Temperaturmessung *f.*,
~ of combustion Verbrennungs-
temperatur *f.*, **~ of solidification**
Erstarrungstemperatur *f.*,
~ range Temperaturbereich *m.*,
~ recorder Temperaturschrei-
ber *m.*
tempered, ~ glass (= toughened,
heat-treated glass) vorgespanntes Glas *n.*, gehärtetes Glas *n.*,
Sicherheitsglas *n.*, Hartglas *n.*,
~ safety glass Einscheibensicherheitsglas *n.*, gehärtetes Sicherheitsglas *n.*

temper (grade) Spannungsgrad *m.*, Spannungszustand *m.*, Kühlstufe *f.*

tempering colo(u)rs Anlauffarben *f.* pl.

temporary strain vorübergehende Spannung *f.*

tenacity Zähigkeit *f.*

tensile, ~ strength Zugfestigkeit *f.*, Reißfestigkeit *f.*, **~ test** Zerreißprüfung *f.*

tension (Zug-)Spannung *f.*, **~ test** s. tensile test

terminal EL Anschlußklemme *f.*

ternary system Dreistoffsystem *n.*, ternäres System *n.*

test v. prüfen, untersuchen, *n.* Prüfung *f.*, Probe *f.*, Test *m.*

testing, ~ apparatus Prüfapparat *m.*, **~ of materials** Werkstoffprüfung *f.*, Materialprüfung *f.*

test, ~ pressure Prüfdruck *m.*, **~ result** Versuchsergebnis *n.*, Meßwert *m.*, Versuchswert *m.*, **~ run** Versuchsreihe *f.*, **~ specimen** Prüfstück *n.*, **~ tube** Reagenzglas *n.*

textile, ~ fibres (= fibers) GF spinnbare Glasfasern *f.* pl., Glastextilfasern *f.* pl., **~ glass** GF Textilglas *n.*

Tg-point (= transformation point) Transformationspunkt *m.*

thermal thermisch, Wärme-, **~ barrier** (= hot spot) Wärmesperre *f.*, heiße Stelle *f.*, Quellpunkt *m.*, **~ capacity** Wärmekapazität *f.*, **~ conductance** spezifische Wärmeleitfähigkeit *f.*, **~ conduction** Wärmeleitung *f.*, **~ conductivity** Wärmeleitfähigkeit *f.*, **~ conductor** Wärmeleiter *m.*, **~ current** Wärmeströmung *f.*,

~ diffusion Wärmediffusion *f.*, **~ diffusivity** Wärmeverteilungsvermögen *n.*

$$= \left(\frac{\text{Wärmeleitzahl}}{\text{spez. Wärme} \times \text{Dichte}} \right),$$

~ efficiency thermischer Wirkungsgrad *m.*, feuerungstechnischer Wirkungsgrad *m.*, Schmelzwärme *f.*, **~ endurance** Temperaturstoßfestigkeit *f.*, Wärmewechselbeständigkeit *f.*, Wärmestoßfestigkeit *f.*, **~ energy** Wärmeenergie *f.*, **~ expansion** Wärmeausdehnung *f.*, **~ expansivity** Wärmeausdehnungsvermögen *n.*, **~ flow** (= **~ flux**) Wärmefluß *m.*, Wärmeströmung *f.*, **~ gradient** Temperaturgefälle *n.*, Temperaturunterschied *m.*, **~ history** Wärmevergangenheit *f.*, **~ -insulating coefficient** Wärmedämmzahl *f.*, **~ insulation** Wärmeisolierung *f.*, **~ loss** Wärmeverlust *m.*, **~ radiation** Wärmestrahlung *f.*, **~ shock** Wärmeschock *m.*, Wärmestoß *m.*, **~ -shock resistance** (= thermal endurance) Temperaturstoßfestigkeit *f.*, Wärmewechselbeständigkeit *f.*, Wärmestoßfestigkeit *f.*, **~ -shock test** Wärmestoßprüfung *f.*, Wärmewechselbeständigkeitsprüfung *f.*, Wärmeschockprüfung *f.*, **~ stability** Wärmebeständigkeit *f.*, **~ stress** Temperaturspannung *f.*, **~ transmittance** Wärmedurchgang *m.*, Wärmeübergang *m.*, **~ unit** Wärmeeinheit *f.* (= W.E.)

thermionic valve Elektronenröhre *f.*

thermocouple Thermoelement *n.*, **~ -protection tube** Thermoelement-Schutzrohr *n.*

thermofluid enamels (= thermoplastic enamels) warmflüssige Druckfarben *f.* pl., thermoplastische Druckfarben *f.* pl.

(thermo)junction Lötstelle *f.* (eines Thermoelementes)

Thermolux Faserschichtglas *n.*, Doppelscheibenglas *n.* mit Glaswollefüllung (Warenzeichen von Balzaretti Modigliani)

thermometer Thermometer *n.*, **~ bulb** Thermometerblase *f.*, **~ glass** Thermometerglas *n.*, **~ tube** (or **tubing**) Thermometerrohr *f.*

Thermopane Mehrscheibenisolierglas *n.* (mit isolierendem Luftzwischenraum) (Warenzeichen von Libbey-Owens-Ford)

thermoplastic, ~ enamels warmflüssige Druckfarben *f.* pl., thermoplastische Druckfarben f. pl., **~ materials** hitzeverformbare Substanzen *f.* pl., Thermoplaste *n.* pl.

thermosetting. ~ materials hitzehärtbare Substanzen *f.* pl., Duroplaste *n.* pl., **~ moulding compound** GRP hitzehärtbare Preßmasse *f.*

thermos flask Thermosflasche *f.*

thermostat Thermostat *m.*

thick blanket feed (= thick carpet feed) Dickschichteinlage *f.*

thickening agent Eindickungsmittel *n.*

thickness Dicke *f.*, Stärke *f.*, **~ ga(u)ge** Stärkenmesser *m.*, **~ recovery** GF Rückfederung *f.*

thimble IS Pegelbüchse *f.*, Stempelbüchse *f.*, OPT Rührer *m.*

thin, ~ bottom (= light bottom) DEF dünner Boden *m.*, **~ blanket** (or **carpet**) **feed** (= ~ -layer charging) Dünnschichteinlage *f.*, **~ section** Dünnschliff *m.*

thread 1. GF Garn *n.*, Faden *m.*, 2. Gewinde *n.*, **~ guide** GF Fadenführer *m.*

threading DEC Fadenauflage *f.*

three, ~ -colo(u)r decoration Dreifarbendruck *m.*, **~ -layer sandwich(ed) glass** Dreischichtenglas *n.*, **~ -part mo(u)ld** dreiteilige Form *f.*, **~ -phase (alternating) current** EL Dreiphasenstrom *m.*, Drehstrom *m.*

throat FUR 1. Durchlaß *m.*, Durchfluß *m.*, 2. Mündungsöffnung *f.*, lichte Mündungsweite *f.*, **~ -check** (or cheek) **block** Durchlaß-Seitenstein *m.*, **~ cover (block)** Durchlaß-Abdeckstein *m.*, **~ -side block** Durchlaß-Seitenstein *m.*

throughput Durchsatz *m.*

thrust Schub(kraft) *m.* (*f.*), **~ of crown** Gewölbeschub *m.*, Gewölbedruck *m.*

tie, ~ courses Verbandlagen *f.* pl., **~ -over jar** Zubindehafen *m.*, **~ -rod** FUR Zuganker *m.*, Anker *m.*

tiling (= patching) Vorsetzen *n.* eines Steines zur Ofenreparatur

tilt(ed) finish DEF schiefe Mündung *f.*, geneigte Mündung *f.*

tilting hydraulic press hydraulische Kipp-Presse *f.*

timer Zeitregler *m.*, „Timer" *m.*, Programmgeber *m.*

timing, ~ drum IS Schaltwalze *f.*, **~ -drum button setting** Schaltschema *n.* an der IS-Maschine, Nockeneinstellung *f.*, **~ relay** Zeitrelais *n.*

tin Zinn *n.*, Dose *f.*

tinge (= tint) Farbstich *m.*

tin oxide Zinnoxyd *n.*

tinsel (Glas-)Flitter *m.*

tint s. tinge

tint-plate optisches Hilfsobjekt *n.* (z. B. Rot-I. Ordnung, $\lambda/4$ Plättchen etc.), Kompensationsplatte *f.*

tip Spitze *f.*, Nippel *m.* (der Glaswolledüse), Pegel *m.*, ∼ **extrusion** GF Nippelprägung *f.*, ∼ **of electron tube** Saug-, Pumpstutzen *m.* (der Elektronenröhre)

tissue GF Glasfaservlies *n.*

tit DEF Zipfel *m.*, Zapfen *m.*

titanium Titan *n.*, ∼ **glass** Titanglas *n.*, ∼ **oxide** Titanoxyd *n.*

titer Titer *m.*

titrate titrieren

titration Titration *f.*

toggle lever press (= toggle joint press) Kniehebelpresse *f.*

toilet preparations kosmetische Erzeugnisse *n.* pl., Körperpflegemittel *n.* pl.

toiletries s. toilet preparations

tolerance Toleranz(grenze) *f.*

tongs Zange *f.*, Zwackeisen *n.*, Zwackschere *f.*

tong stacker Kühlofeneintragevorrichtung *f.* mit Greifern

tongue, ∼ (tile) FUR Brennerzunge *f.*, ∼ **arch** FUR Zungenwand *f.*

tool room mechanische Werkstatt *f.* (für Maschinenteile oder Werkzeuge)

top-of-stove ware (= heat-resisting glass) feuerfestes Glas *n.*, hitzebeständiges Glas *n.*

top roller GF Druckwalze *f.*

torn neck DEF rissiger Hals *m.*

toughened, ∼ **glass** gehärtetes Glas *n.*, vorgespanntes Glas *n.*, ∼ (= tempered) **safety glass** Einscheibensicherheitsglas *n.*

toughening furnace Temperofen *m.*, Härteofen *m.*

toughness Zähigkeit *f.*

tower Turm *m.*, Ziehschacht *m.* beim Fourcault- und Pittsburghverfahren

town('s) gas Stadtgas *n.*

toxic giftig

toxicity Giftigkeit *f.*

TPI (= turns per inch) GF Drall *m.* (ausgedrückt in Drehungen pro Zoll Garnlänge)

trace element Spurenelement *n.*

trademark Warenzeichen *n.*

tradename s. trademark

transfer (of parison) IS Übergabe *f.* des Külbels, Külbelschwenkbewegung *f.* (von Vor- zur Fertigform)

transfer, ∼ **bead** Halsring *m.*, ∼ **glass** Hafenrohglas *n.* (OPT), ∼ **decoration** Umdruck-, Abziehbilderverfahren *n.* ∼ **plate** Übersetzblech *n.* (am Kühlofen), ∼ **wheel** Zellenrad *n.*, Übergabeteller *m.*, Stern *m.*

transformation point (or temperature) (= Tg) Transformationspunkt *m.* (ca. 10^{13} poise)

transformer Transformator *m.*

transistor Transistor *m.*

translucent glass durchscheinendes Glas *n.*

transmission Übertragung *f.*, Übersetzung *f.*, Leitung *f.*, Durchlässigkeit *f.*, Transmission *f.*

transmittance (zahlenmäßige) Durchlässigkeit *f.*, Durchlässigkeitsgrad *m.*, Durchlaßgrad *m.*, Transmissionsgrad *m.*

transparence (= transparency) Durchsichtigkeit *f.*, Transparenz *f.*

transparent durchsichtig, ∼ **horticultural glass** (Garten-)Blank-, Klarglas *n.*

transverse (or **transversal**) **flow** Querströmung *f.*

travel(l)er GF Ringläufer *m.*

travel(l)ing, ∼ **frame** Laufrahmen *m.,* ∼ **microscope** Reisemikroskop *n.*

treadle Tretzeug *n.*

trial, ∼ **furnace** Versuchsofen *m.,* ∼ **run** Versuchsbetrieb *m.,* Probelauf *m.*

trichromatic diagram Farbdreieck *n.,* Farbdiagramm *n.,* Farbtafel *f.*

tridymite MIN Tridymit *m.*

trifocal glass (or lens) Dreistärkenglas *n.*

trim abgraten, beschneiden, besäumen, ∼ **cutter** GF Besäumvorrichtung *f.,* Trimmer *m.*

trimmer GF s. trim cutter, OPT Sortierer *m.* von optischen Glasbrocken

trip v. auslösen, schalten, *n.* Reise *f.,* Umlauf *m.* (einer Pfandflasche), ∼ **stud** Schaltnocken *m.* (an der IS-Schaltwalze)

triple cavity mo(u)ld Dreifachform *f.*

triplex glass Dreischichtenglas *n.* (von Triplex Safety Glass Co.)

tristimulus, ∼ **diagram** Farbdreieck *n.,* Farbdiagramm *n.,* Farbtafel *f.,* ∼ **values** Farbkoordinaten *f.* pl., trichromatische Koeffizienten *m.* pl.

trough Rinne *f.,* Trog *m.,* Mittelrinne *f.* bei der IS-Maschine

trying iron Bindeeisen *n.* (für Schmelzprobe)

trumpet guide GF Führungstrichter *m.*

tube Rohr *n.,* Röhre *f.,* GF Hülse *f.,* FEED Drehrohr *n.,* ∼ **clamp** FEED Rohrtopf *m.,* ∼ **cooler** IS Stempelkühlrohr *n.,* ∼ **drawer** Röhrenzieher *m.,* ∼ **drawing machine** Röhrenziehmaschine *f.,* ∼ **holder** (or carrier) FEED Rohrtraverse *f.*

tubing Rohre *n.* pl., Rohrleitung *f.,* Schlauch(material) *m.* (*n.*)

tube winding GF Rohrumwicklung *f.*

tubular container Rohrgefäß *n.,* Lampenglas *n.*

tuckstone FUR Nasenstein *m.*

tuille (= tweel) Hubtür *f.*

tumbler (Trink-)Becher *m.,* Glas *n.*

tungsten Wolfram *n.*

tunnel kiln Kanalbrennofen *m.*

turbulence Wirbelbildung *f.,* Turbulenz *f.*

turnhead selector spout Schwenkrinne *f.* für Gemengebunker

turnplate Drehscheibe *f.,* Drehtisch *m.* (für Hafenherstellung)

turntable Drehtisch *m.*

turpentine Terpentin *n.*

tweel (= tuille) Hubtür *f.*

Twindow insulating unit Doppelverglasung *f.* (für Fenster) (Warenzeichen von Pittsburgh Plate Glass)

twin, ∼ **grinder** Doppelbandschleifer *m.,* Doppelschleifanlage *f.,* ∼ **grinding** Doppelbandschleifen *n.,* beidseitiges kontinuierliches Schleifen *n.* (von Spiegelglas), ∼ **polishing** Doppelbandpolieren *n.*

twist GF v. (ver)zwirnen, *n.* Drall *m.,* Dreh(ung) *m.* (*f.*), Torsion *f.*

twisted, ∼ **stem** spiralig gemusterter Stiel *m.* (von Kelchgläsern), ∼ **thread** (or **yarn**) GF Glasfaserzwirn *m.*

twist-off closure (or **cap**) eine Art Schraubverschluß *m.*, der durch eine Vierteldrehung abzunehmen ist, Twist-off-Verschluß *m.*

two-pass horizontal regenerator FUR zweizügige liegende Regenerativkammer *f.*

U

ullage (= vacuity) Freiraum *m.*

ultimate strength Zerreißfestigkeit *f.* (bis Bruch)

ultrasonic, ~ frequencies Ultraschallfrequenzen *f.* pl., **~ testing** Ultraschallprüfungen *f.* pl.

Ultrasorb glass ein grünes Glas *n.*, das im ultravioletten Bereich absorbiert und nahezu kein Licht durchläßt (Warenzeichen von Owens-Illinois)

ultra-violet, ~ -absorbing glass ultraviolettabsorbierendes Glas *n.*, UV-undurchlässiges Glas *n.*, Dokumentenglas *n.*, **~ thickness ga(u)ge** ultravioletter Stärkenmesser *m.*, **~ transmitting glass** ultraviolettdurchlässiges Glas *n.*

unbonded wool (= raw wool) GF lose Wolle *f.*

undercooled liquid (= supercooled liquid) unterkühlte Flüssigkeit *f.*

undercutting DEF Schrägschnitt *m.*, Schrägkante *f.* (von Flachglas)

undulated fibre (or **fiber**) GF gewellte Faser *f.*

uneven distribution DEF ungleichmäßige Glasverteilung *f.*, schlechte Glasverteilung *f.*

unfilled finish DEF nicht ausgeblasene Mündung *f.*

unidirectional fabric GF kettfädenstarkes Gewebe *n.*

Unit Melter Unit Melter *m.* (=direkt beheizter Schmelzofen ohne Regenerativkammern)

universal drive shaft Kardanwelle *f.*

unscrambler Aufreiher *m.*, Ordner *m.* (Vorrichtung zur Vereinzelung von Massenartikeln)

unstable ware attachment IS Haltevorrichtung *f.* für Flasche mit kleiner Standfläche (= Zusatzvorrichtung zur IS-Maschine)

unwind GF abwickeln

unwinder GF Abwickelvorrichtung *f.*

upcast (= uptake) FUR (Brenner)-Schacht *m.*

updraw machine Aufwärtsziehmaschine *f.* (für Glasröhren)

upper, ~control limit (=UCL) obere Kontrollgrenze *f.* (bei der Qualitätskontrolle), **~ heating value** (or **power**) oberer Heizwert *m.*

upright Pfosten *m.*, Säule *f.*, Ständer *m.*, **~ chamber** stehende Regenerativkammer *f.*

uprighter Aufrichteband *n.*

uptake s. upcast, **~ damper** Schachtschieber *m.*

upward drilling REF Erosionserscheinung *f.* an feuerfestem Material, Lochfraß *m.*

uranium Uran *n.*

urinal Harnbecken *n.*

useful heat Nutzwärme *f.*

utility glass ware Gebrauchsglas *n.*

"U"-value (or **factor**) (= thermal transmittance) (B.T.U./h sq. ft. °F) Wärmedurchgangszahl *f.*, k-Wert *m.* (kcal/h m² °C)

V

vacuity (= ullage) Freiraum *m.* (über Füllgut)

vacuum Vakuum *n.*, ∼ **-and-blow process** Saugblaseverfahren *n.*, ∼ **bottle** (= flask) Thermosflasche *f.*, ∼ **line** Vakuumleitung *f.*, ∼ **(-seal) cap** Vakuumverschluß *m.*, ∼ **settle** IS „Festblasen" *n.* des Postens in der Vorform mittels Vakuum, Ansaugen *n.*, ∼ **tube** Vakuumröhre *f.*

value Helligkeit *f.* (Maßzahl in der Munsell-Farbenlehre)

valve Ventil *n.*, Röhre *f.*, ∼ **block** IS Ventilkasten *m.*, ∼ **-operating stud** IS Nocken *m.* an der Schaltwalze, ∼ **-stem** Ventilschaft *m.*

vapo(u)r Dampf *m.*, ∼ **barrier** GF Dampfsperre *f.*, ∼ **-deposited coating** aufgedampfte Schicht *f.*, ∼ **-discharge tube** Entladeröhre *f.* (z. B. mercury-vapo(u)r lamp = Quecksilberdampflampe *f.* or sodium-vapo(u)r lamp = Natriumdampflampe *f.*)

vapo(u)rize verdampfen, aufdampfen

variegated glass marmoriertes Glas *n.*

varnish Lack *m.*

"vasa murrhina" glass s. variegated glass

vase (Blumen-)Vase *f.*

vehicle 1. Fahrzeug *n.*, 2. Lösungsmittel *n.*

veil GF (Glasfaser-)Vlies *n.*

Vello Process Vello-Verfahren *n.* (= Röhrenziehverfahren)

Venetian, ∼ **blind** Blende *f.* (Fenster), ∼ **glass** venezianisches Glas *n.*

vent v. entlüften, belüften, *n.* Entlüftungsöffnung *f.*

ventilation Belüftung *f.*, Entlüftung *f.*, Lüftung *f.*

ventilator Gebläse *n.*, Ventilator *m.*

venturi throat (= venturi tube or pipe) Venturiröhre *f.*

vermiculite Vermiculit *n.*

vernier Nonius *m.*, ∼ **scale** Noniusskala *f.*, Noniuseinteilung *f.*

vertical, ∼ **drawing** Senkrechtziehverfahren *n.* (von Fensterglas), ∼ **regenerator** FUR stehende Regenerativkammer *f.*

vessel 1. Gefäß *n.*, 2. Schiff *n.*

vial (Tabletten-)Röhrchen *n.*

vibrating feeder Rüttelspeiser *m.* (= Gemengeeinlegevorrichtung mit Vibrationsrinne)

vibration resistance Schwingungsfestigkeit *f.*

vibrator Rüttler *m.*

visco(si)meter Viskosimeter *n.*

viscosity Viskosität *f.*

viscous viskos, zähflüssig

visual, ∼ **acuity curve** Augen-, Sehempfindlichkeitskurve *f.*, ∼ **efficiency** (= brightness) Leuchtdichte *f.*, Brillianz *f.*

vitreous glasig, glasartig ∼ **body** (= glass body) Glaskörper *m.*, ∼ **enamel label** Daueretikett *n.*, ∼ **lava** Glaslava *f.*, Obsidian *m.*, ∼ **silica** (= quartz glass) Quarzglas *n.*, Kieselglas *n.*, ∼ **state** (= glassy state) glasiger Zustand *m.*

vitrifiable colo(u)r Emailfarbe *f.*, Schmelzfarbe *f.*

vitrification Verglasung *f.*

vitrify verglasen

volatile constituent flüchtiger Bestandteil *m.*

volcanic glass Obsidian *m.*

voltage (elektrische) Spannung *f.*
voltmeter Voltmeter *n.*
volume Volumen *n.*
volumetric, ~ **analysis** volumetrische Analyse *f.*, ~ **glassware** Meßgläser *n.* pl., Meßgefäße *n.* pl.
Vycor glass Vycor-Glas *n.* (= Warenzeichen von Corning Glass Works; kieselsäurereiches, durch Auslaugen gewonnenes Glas, das anschließend zu einem porenfreien Produkt gesintert wird)

W

walking draw method Röhrenziehverfahren *n.* von Hand
wall, ~ **panel** Wandplatte *f.*, ~ **-thickness ga(u)ge** Wandstärkenmesser *m.*
ware-finish nozzle IS Kühlluftdüse *f.*
warehouse Lager(haus) *n.*, Lagerhalle *f.*
ware pusher IS Abstreifer *m.*, ~~ **cam** IS Abstreiferkurve *f.*
warm-in vorwärmen, aufwärmen
warming-in hole Aufwärmeloch *n.*
warp v. verwerfen, verziehen, *n.* 1. GF Kette *f.* (des Gewebes), 2.DEF unebene, wellige Oberfläche *f.* von Flachglas, „Mauseleiter" *f.*
washboard (= **ladder**) DEF Falten *f.* pl., „Waschbrett" *n.*
wash(ing) bottle Waschflasche *f.*
wasp-waisted tank (= **constricted tank**) eingeschnürte Wanne *f.*
waste Abfall *m.*, ~ **gas** Abgas *n.*, Rauchgas *n.*, Feuergas *n.*, ~ **-gas analysis** Abgasanalyse *f.*, ~ **-gas damper** Abgasschieber *m.*, ~ **heat** Abwärme *f.*, Abhitze *f.*, ~ **-heat boiler** Abhitzekessel *m.*, ~ **-heat**

recovery Abwärmeverwertung *f.*, Wärmerückgewinnung *f.*, ~ **sand** Abfallsand *m.* (vom Polieren)
watch glass Uhrglas *n.*
waterband Wasserbande *f.* (im Ultrarot) des Glases
water, ~ **cooling** Wasserkühlung *f.*, ~ **ga(u)ge** (=WG) Wassersäule *f.* (=WS), ~**ga(u)ge** (**glass**) Wasserstandsglas *n.*, ~ **glass** Wasserglas *n.*, Natriumsilikat *n.*, ~ **jacket** Wassermantel *m.*, ~ **of condensation** Kondenswasser *n.*, ~ **-repellent** wasserabweisend, wasserabstoßend, ~ **resistance** Wasserbeständigkeit *f.*, ~ **vapo(u)r** Wasserdampf *m.*
wave Welle *f.*, Spiegel *m.*, ~ **length** Wellenlänge *f.*
wavy DEF wellig
wax crayon (or **pencil**) Fettstift *m.*
wear v. verschleißen, abnutzen, *n.* Verschleiß *m.*, Abnutzung *f.*,
wearability Verschleißfestigkeit *f.*
wear-resistant verschleißfest
weathered verwittert, ausgewittert
weathering Verwitterung *f.*, Auswitterung *f.*
weatherproof wetterfest, witterungsbeständig
weather-resistant s. weatherproof
weave GF v. weben, *n.* Webart *f.*
wegded bottom (= **slug(ged) bottom**) DEF schiefer Boden *m.*
weep hole Entlüftungsöffnung *f.*
weft (= **fill**) GF Schuß *m.*
weir FUR Wehr *n.*, Mauer *f.*, Wall *m.*
weld schweißen, verschweißen
welding *n.* Schweißen *n.*, ~ **glasses** (or **goggles**) Schweißbrille *f.*, Schweißerschutzglas *n.*, ~ **wire** Schweißdraht *m.*
well 1. GF Düsenkörper *m.*, 2.FEED Speiseraustrittsöffnung *f.*

wet, ~ colo(u)r ACL Naßfarbe *f.*,
~ -laminating process GRP Naß-
Schichtverfahren *n.*, **~ -strength
retention** Naßfestigkeit *f.*
wettability Benetzbarkeit *f.*
wetting agent Netzmittel *n.*
wheel applicator GF Schmälzrad *n.*
whett absprengen
white, ~ lead Bleiweiß *n.* **(~)-opal
glass** Opalglas *n.*, **~ wash**
(= sulphate scab) Sulfatblasen
f. pl.
wicket wall FUR Kammerspiegel
m., Vorwandgestell *n.*, Vorsetzer
m. (beim alten Hafenofen)
wide mouth ware Weithalsgefäße
n. pl.
width Breite *f.*
winder GF Aufspuler *m.*, Spul-
maschine *f.*, Haspel *f.*, **~ spindle**
GF Spindel *f.* (zum Aufwickeln
des Glasseidefadens)
winding, ~ frame (or machine) s.
winder, **~ tube** GF Papphülse *f.*,
Manschette *f.*
wind nozzle Kühl(luft)düse *f.*
window Fenster *n.*, **~ glass** Fensterglas *n.*, **~ pane** Fensterscheibe *f.*
windscreen Windschutzscheibe *f.*
windshield s. windscreen
wind (up) aufspulen, aufwickeln
wine, ~ bottle Weinflasche *f.*,
~ glass Weinglas *n.*
wire(d) (cast) glass Drahtglas *n.*,
armiertes Glas *n.*
wire line DEF Schliere *f.* (im Ziehglas)
wire mesh (= wire netting) Drahtgewebe *n.*
wire(d), ~ plate glass Spiegeldrahtglas *n.*, Drahtspiegelglas *n.*,
~ safety glass Drahtsicherheits-
glas *n.*, Drahtglas *n.*, **~ mattress**
GF Drahtgewebematte *f.*, Matte

f. auf Draht
wiring diagram Schaltbild *n.*,
Schaltschema *n.*
wollastonite MIN Wollastonit *m.*
wood clapper (= footboard) IIM
Fußformholz *n.*
woodjack Auftreibeeisen *n.*
woof GF Schuß *m.*
wool GF (Glas-)Wolle *f.*
work v. arbeiten, bearbeiten, verarbeiten, *n.* Arbeit *f.*
workability Verarbeitbarkeit *f.*,
Verformbarkeit *f.*
working, ~ chamber (= ~ end) FUR
Arbeitswanne *f.*, **~ life** Lebensdauer *f.*, **~ platform** Arbeits-
bühne *f.*, **~ pressure** Arbeitsdruck *m.*, Betriebsdruck *m.*,
~ point Verarbeitungstempera-
tur *f.*, -punkt *m.* (10^4 poise),
~ range Verarbeitungsbereich
m., **~ temperature** Arbeitstemperatur *f.*, Verarbeitungstempe-
ratur *f.*
works Werk *n.*, Fabrik *f.*, Betrieb
m., **~ manager** Betriebsdirektor
m., Betriebsleiter *m.*
woven wire, ~~ belt Drahtgeflechtband *n.*, **~~ mesh** Metallgewebe *n.*
wrap-around label Runddruck *m.*
wrinkle DEF Runzel *f.*, Falte *f.*

X

X-beam Röntgenstrahl *m.*
X-button IS „hoher" Nocken *m.*
X-ray Röntgenstrahl *m.*, **~ -ab-
sorbing glass** Röntgenschutzglas
n., **~ diagram** Röntgen(beu-
gungs)bild *n.*, **~ -diffraction
pattern** s. X-ray diagram,
~ photograph Röntgenbild *n.*

X-ray, ~ -protective glass Röntgenschutzglas *n.*, **~ -shielding glass** s. X-ray protective glass or absorbing glass, **~ spectrum** Röntgenspektrum *n.*, **~ -transmitting glass** röntgenstrahlendurchlässiges Glas *n.*

Y

yarn GF Garn *n.*, **~ count** (= yarn number) GF Fadentiter *m.*, Fadennummer *f.* (Anzahl von 100-yd.-Längen pro lb. einfaches Garn), **~ -covered wire** GF umsponnener Draht *m.*

yellow stain DEC Gelbbeize *f.*

yield Verhältnis *n.* der guten Ware zu der Schnittzahl, Ausbeute *f.*, **~ point** Fließgrenze *f.*, Fließpunkt *m.*, Streckgrenze *f.*

Young's modulus Youngscher Modul *m.*, Elastizitätsmodul *m.*

Z

Z-factor GF Luftwiderstand *m.* einer Glaswolleprobe von genormtem Raumgewicht

zinc Zink *m.*, **~ -borate glass** Zinkboratglas *n.*, **~ -crown glass** Zinkkronglas *n.*, **~ oxide** Zinkoxyd *n.*

zircon(ium) MIN Zirkon *m.* (als Mineral = $ZrO_2 \cdot SiO_2$)

zirconia Zirkonoxyd *n.* ZrO_2, **~ block** REF Zirkonstein *m.*

zirconium Zirkon *n.* (als Element = Zr), **~ oxide** Zirkonoxyd *n.*